U0340304

DE TAO GROUP
MASTERS ACADEMY

德稻智库丛书

德稻先锋生态建筑大师、诗人

上海世博会以色列馆总设计师

渡堂海 大师作品集

中国经济出版社
CHINA ECONOMIC PUBLISHING HOUSE
北 京

图书在版编目（CIP）数据

渡堂海/（以）渡堂海著．裘小龙，吴院渊译．

北京：中国经济出版社，2014.1

ISBN 978 - 7 - 5136 - 1943 - 1

Ⅰ.①渡… Ⅱ.①渡…②裘…③吴… Ⅲ.①建筑设计—作品集—以色列—现代 Ⅳ.①TU206

中国版本图书馆 CIP 数据核字（2012）第 229661 号

责任编辑　吴航斌

责任审读　贺　静

责任印制　马小宾

封面设计　华子图文

出版单位　中国经济出版社

印　刷　者　北京科信印刷有限公司

经　销　者　各地新华书店

开　　本　787mm×1092mm　1/16

印　　张　22

字　　数　200 千字

版　　次　2014 年 1 月第 1 版

印　　次　2014 年 1 月第 1 次

书　　号　ISBN 978 - 7 - 5136 - 1943 - 1/TU·1

定　　价　280.00 元

中国经济出版社 网址 www.economyph.com **社址** 北京市西城区百万庄北街 3 号 **邮编** 100037

本版图书如存在印装质量问题，请与本社发行中心联系调换（联系电话：010 - 68319116）

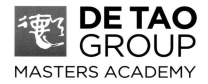

DE TAO
GROUP
MASTERS ACADEMY

德稻智库丛书
DeTao Master Series

德稻智库丛书

　　智慧是人类文明发展的源动力。社会发展而产生的行业是智慧的细分，作为生产力的代表，行业专家（大师）凝聚了大量智慧。如何对大师智慧不断进行科学化、系统化的采集、传承和应用一直以来是各个文明发展的核心任务。进入21世纪，创意、创新、创造成为全球发展的主旋律，中国也正处于社会转型、产业升级、管理创新的关键时期。"中国制造"型经济已经并强力推动着世界经济的发展，但是，如何从"中国制造"走向"中国创造"，如何培养人才，激发全民的创造力，推动华夏文明的复兴和社会可持续发展，带着这些问题，德稻进行了深入的调研和实践，"德稻智库丛书"应运而生。

　　德稻是一家知识型、创新型的综合企业集群，秉持"汇聚世界大师，采集全球智慧，培育行业精英，助力企业发展"的理念。我们致力于从全球经济各大支柱产业中，不断寻找和邀请领军大师的加入。由德稻投资兴建大师工作室，通过市场推广，在教育和产业项目方面与中国市场相对接，推动中国与国际之间，东方文明与西方文明之间的交流和沟通，实现双方在科学和艺术领域的不断融合与创新。

目前，全球已经有超过500位国际行业领军人物加入德稻，在德稻大师工作室的合作平台上，开展实际项目运营，实践高端行业教育，协同推动产业创新，将世界大师的智慧资源、中国的人力资源、教育资源和企业的资本资源相结合，为当前中国的各类问题提供一揽子创意解决方案，同时催生新的市场领域。

"德稻智库丛书"由不同行业、不同领域的"德稻大师"撰写，力求深度采集和传承作者的智慧与经验，真实还原"生产力转化为知识，再由知识发展生产力"的过程。正是各位作者严肃对待学术问题和注重理论结合实践的态度，使得这套丛书具备很高的学术价值、社会价值和实用价值。我们期望作者的智慧与经验能够为读者带来全新的体验和收获。让我们用各种科学的方法、更宽阔的视野、更多的创新灵感，来成就各个行业可持续发展的解决方案。

李卓智
德稻主席

Haim Dotan, international architect, poet, artist and educator. Born in 1954 in Jerusalem, he graduated from the University of Southern California in Los Angeles, California, U.S.A. with B. Arch. and M. Arch degrees. Following a career in the U.S.A and Japan, he established the international firm Haim Dotan Ltd. Architects in 1990 in Tel Aviv. The office focuses on innovative cutting-edge architecture, research and construction and designs private and public projects in Asia, the Persian Gulf, Africa, Israel & Europe. Haim Dotan is an architectural pioneer in developing construction techniques for residential, commercial, industrial, educational and public institutions. In his projects, Architect Dotan creates a new language in the global architectural landscape. Haim Dotan has been a lecturer at Tel Aviv University, the Bezalel Academy of Fine Arts and the Technion University in Israel, and at Pratt Institute, New York. Haim Dotan is Advisory Professor at East China Normal University in Shanghai. The work of Architect Haim Dotan has been published in China, Europe and Israel.

In 2008 Haim Dotan won the Israel foreign Ministry DBOT Tender as the developer, contractor and architect of the Israel Pavilion in EXPO 2010 World Exhibition in Shanghai, China (with designer Prosper Amir). In 2007 Haim Dotan was nominated for the Israel Prize in Architecture. The firm won numerous competitions and awards and in 2006 Haim Dotan was the recipient of the Israeli Building Construction Center Award for "New Architectural Language in Israel through 17 years of Development and Improvement of New Building Technologies". In 1998 Haim Dotan was the Recipient of the Israel Engineering and Architects Association Award for the 50th Anniversary of the founding of the State of Israel, and was the recipient of the Israel Contractors and Builders Union.

In his letter to Haim Dotan, the Presidet of Israel, Mr. Shimon Peres wrote:

"Dear Haim Dotan,
Thanks for you book.
How do you write?
 "Between water and skies, land and mountains—a window to magical views".
Your poetry is so delicate, almost breakable.
Your architecture is so declarative—as if coming from the days of Genesis, it is astonishing in its beauty.
Well done

Shimon Peres
17.08.2009

渡堂海，享有国际声誉的建筑师、诗人、艺术家、教育家。渡堂海于1954年出生于耶路撒冷，毕业于美国加利福尼亚州洛杉矶市的南加州大学，先后获得建筑学学士和硕士学位。在美国和日本执业多年后，他于1990年在特拉维夫创立了国际性的渡堂海建筑师事务所，该所专注于公共和私营领域的新型建筑的研究、建造和设计，建筑项目遍布亚洲、波斯湾地区、非洲、以色列和欧洲。渡堂海是住宅、商业、工业、教育和公共机构建筑技法的先驱。在他承担的项目中，渡堂海创造了一种新的建筑语言。渡堂海同时还担任特拉维夫大学、巴扎莱尔艺术学院、以色列工程技术大学（Technion），以及纽约普瑞特艺术学院的讲师。建筑师渡堂海的作品在中国、欧洲和以色列都有出版。

2008年，渡堂海成功赢得以色列外交部DBOT招标，承担2010上海世博会以色列馆开发、承包、建筑的重任（会同设计师Prosper Amir）。2007年，渡堂海被提名以色列建筑大奖候选人。渡堂海建筑师事务所曾获得多项荣誉和奖项。2006年，渡堂海因"连续17年专注开发和完善新型建筑技术，开创以色列新建筑语言"而获得以色列建筑建造中心奖。1998年，渡堂海先后获得以色列工程和建筑师协会纪念以色列建国50周年奖和以色列承包和建筑商联合会奖。

以色列总统西蒙·佩雷斯在他给渡堂海的信中写道：

亲爱的渡堂海：

感谢你赠送的书，这本书读起来非常引人入胜。

很想知道你是如何写作的？

"在流水和天空，大地和山岭间，推开一扇窗，美景印入眼帘"

你的诗歌是那么的雅致，那么的优美。

你设计的建筑如此充满表现力——就像来自《创世记》的年代，美得让人惊叹。

好样的！

西蒙·佩雷斯

2009.08.17

חיים דותן היקר,

תודה עבור שני ספרייך המקסימים ״אגם השירה״ ו״יהד במדבר״.
איך אתה כותב? ״בין מים לשמים, ארץ והרים – חלון למבטי קסמים״.
השירה שלך עדינה כל-כך, כמעט שברירית. והארכיטקטורה שלך כל-כך הצהרתית
– כאילו באה מימי בראשית, היא מדהימה ביופייה.

יישר-כוחך
שמעון פרס
17.08.09

נשיא המדינה

17·8·09

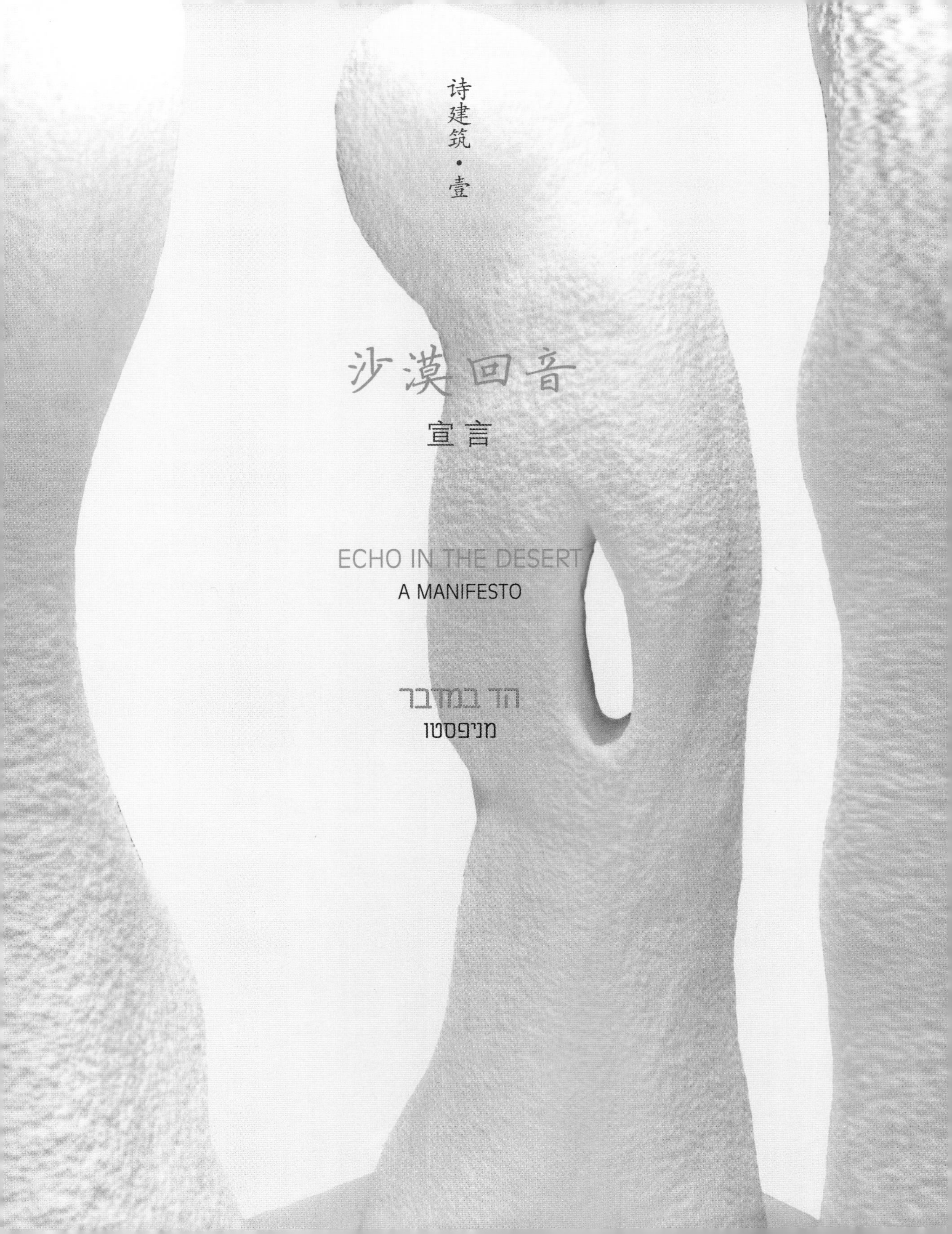

诗建筑 · 壹

沙漠回音
宣言

ECHO IN THE DESERT
A MANIFESTO

הד במדבר
מניפסטו

Out of ashes

Of human wars

New horizons of

Life

拂去

人间战火的灰烬

掀开

生命全新的诗篇

מתוך אפר

מלחמות אנוש

אופקים חדשים של

חיים

Chapters   目录   פרקים

Projects	项目	פרויקטים
Pavilion of Dialog	对话的国家馆	ביתן של דיאלוג
Solar Flower Tower	太阳能塔	מגדל הפרח הסולרי
School of Enrichment	充实的校园	בית ספר להעצמה חינוכית
Campus of Nature	自然的校园	קמפוס של טבע
Rock and Flower	岩石和花儿	סלע ופרח
Rock Garden Campus	岩石・花园・校区	קמפוס גן הסלעים
Stone	石	אבן
Shells of Music	音乐的外壳	צדפות של מוסיקה
Homes of Light	明亮的家园	בתים של אור
Dynamic Housing	生动的建筑	מגורים דינמיים
Conversing Environments	对话的环境	סביבות מתקשרות
•	•	•
Dream	梦想	חלום

Beauty

Is what pleases our eyes
At times
Causes our hearts
To stop
Or
Gush our blood

Creating
Pounding heart and soul

Beauty
Cannot be judged

It exists everywhere
In every soul
In every creature

We do not say
This mountain is ugly
That stone is unpleasant
This flower is ugly

Nature
With its components
Is beautiful
As is

Foliage of forests
Sand dunes in deserts
Waves at sea

Beauty is.

美

让人赏心悦目
有时
也让人心醉
使人
心旌摇曳

更使人
怦然心动
魂牵梦绕

有谁
能给美下定义

美无处不在
于每个灵魂
每个生命中存在

谁又能说
这座山很丑
那块石无奇
这朵花不美

自然
和她的一切
都是美的
看那

树叶婆娑起舞
大漠流光溢彩
海面波澜壮阔

有谁，能给美下定义

יופי

הוא אשר מענג את עינינו
לעיתים
גורם לליבנו
לעצור
או
ממריץ את דמינו

יוצר
לב ונפש הולמים

יופי
אינו בר שיפוט

הוא קיים בכל מקום
בכל נפש
בכל חי

אין אנו אומרים
ההר הזה מכוער
האבן הזו בלתי נעימה
הפרח הזה פשוט

טבע
על כל מרכיביו
יפה
כמות שהוא

עלווה של יערות
דיונות חול במדבריות
גלים בים

יופי הוא.

Humankind criticize	人总爱抱怨	האנוש מבקר
Ugliness prevails	丑大行其道	הכיעור שולט
Stemming from	那是因为	נובע
Human insecurities	人自己	מחוסר בטחון אנושי
Fears and doubts	优柔寡断	פחדים וספקות
Of the self	焦躁不安	של העצמי
Beauty	美	יופי
Is the in between	需要发掘	הוא הבין לבין
Space	借助光	חלל
Creates beauty	还有影	יוצר יופי
In light	空间	באור
And shadows	就能创造美	ובצללים
When	当	כאשר
Our buildings	建筑	הבניינים שלנו
Become	变得	יהיו
Calmer	平静	שלווים יותר
Softer	柔和	רכים יותר
Quieter	安祥	שקטים
When	当	כאשר
Our buildings	建筑	הבניינים שלנו
Converse	彼此之间	ישוחחו
With each other	开始交谈	אחד עם רעהו
Gesture in	传递出	במחווה
Respect	尊重的讯号	של כבוד הדדי
Beauty will prevail	那时	יופי ישרור
Naturally	美必将盛行	באופן טבעי
In our places	就在我们居住的地方	במקומותינו

Buildings
Must be calm

Project
Serenity

Structures
Need to relate
To each other

Creating harmony

Thus

Quiet beauty

建筑
呈现一派安详

规划
也必显出静谧

建筑结构
互相
呼应

从而营造和谐

这样终能

实现静谧之美

בניינים
חייבים להיות רגועים

להקרין
שלווה

מבנים
חייבים להתייחס
אחד אל רעהו

ליצור הרמוניה

באופן זה

יופי שקט

The "AIDS" of Architecture

(Architecture and visual noise)

Six billion people
Are living on Earth

We live longer
Life expectancy in average
Will reach 100 years

1,250,000,000 people live in China
1,000,000,000 people live in India

In 25 years world population
Will become 8 or 10 billion inhabitants

While living longer
World population will reach
20 billion people
In 25 or 50 years
On mother earth

We need to house
These billions
Souls
And bodies
In houses

Practically store them
In decent homes

In built environments

Of beauty and calmness

建筑的“艾滋病”

（建筑和视觉污染）

六十亿众生
以地球为家

平均寿命
将达百岁
人会活得更长

1,250,000,000人生活在中国
超过1,000,000,000人生活在印度

再过25年，世界人口
将变成80亿，甚至100亿

长寿意味着人口增长
只需25或50年
地球母亲
将承载
200亿人口

我们
需要
为这许多
生灵
建造栖身之地

体面的
栖身之地

环境优美

生活祥和

מחלת האידס של האדריכלות

(אדריכלות ורעש ויזואלי)

שישה מיליארד בני אדם
חיים עם פני כדור הארץ

חיינו ארוכים יותר
תוחלת החיים הממוצעת
תגיע ל 100 שנים

1,250,000,000 בני אדם חיים בסין
1,000,000,000 בני אדם חיים בהודו

בתוך 25 שנים אוכלוסיית העולם
תגיע ל 8 מיליארד, 10 מיליארד תושבים

בזמן שחיינו ארוכים יותר
אוכלוסיית העולם תגיע ל 20 מיליארד
בני אדם
בתוך 25 או 50 שנים
על אימא אדמה

אנו צריכים לשכן
את מיליארדי
הנפשות
האנשים
בבתים

למעשה לאחסן אותם
במגורים מכובדים

בסביבות חיים בנויות

של יופי ושלווה

Yet We stuff them
In residential boxes

The boxes are getting
Higher
The boxes are getting
Wider
From eight-story buildings
To twenty and forty floors

Densities intensify

Thus
Our neighborhoods become
Walls
Continuous wall of buildings
Walls which hide the horizon
Block the sunlight
And breeze

High walls
Wide walls
Creating manmade
Horizon of boxes
Which can not be distinguished
All buildings blend into the wall

The wall is dominant
Powerful and blocking
The sunlight
The wind
Our views to nature

而我们建造的却是
盒子般的建筑

盒子
越来越高
盒子
越来越宽
八层、二十层
甚至四十层楼那么高

建筑鳞次栉比

今天
你我居住的地方
被墙包围
延绵的围墙
遮住了天际
挡住了阳光
还有微风的轻拂

围墙高高
围墙宽宽
人们建造
盒子般的建筑
遁入深墙
难以眺望

围墙喧宾夺主
蛮横阻隔你我
寻觅
阳光和风
还有自然的目光

אך אנו דוחסים אותם
בקופסאות מגורים

הקופסאות נעשות
גבוהות יותר
הקופסאות נעשות
רחבות יותר
מבניינים בני שמונה קומות
לעשרים וארבעים קומות

הצפיפויות מתעצמות

לפיכך
שכונות המגורים שלנו נהיות
חומות
חומה רציפה של בניינים
חומות המסתירות את האופק
חוסמות את אור השמש
ומשב הרוח

חומות גבוהות
חומות רחבות
היוצרות אופק של קופסאות
מעשה אדם
חסרות זהות
כל הבניינים מתמזגים אל תוך החומה

החומה שולטת
רבת עוצמה החוסמת
את אור השמש
את הרוח
מבטי הנוף אל הטבע

Walls in 50 years
Will stifle us

Higher
Wider

Boxes crowded together
Will contribute to increased
Anger and violence
Create concealed
Mental pressures
In our places of living

Walls must be stopped
Now
It will be impossible
To bring the walls down later
It will be too late

Creation of boxed buildings
Must be stopped
Changed

Memory of the box
Be kept as memory
Not as a must
Which will destroy humanity

50年后
你我将在这样的围城中窒息

墙会更高
墙会更宽

盒子层层又叠叠
就在我们生活的地方
精神的压力
与日俱增
怨恨和暴力
月累日积

定要停止建造这围墙
就现在
这比以后再去推倒它
要容易
到那时已太晚

不能再建
盒子般的建筑
一定要改变这状况

关于盒子
就只让它留在记忆中
别让它随处可见
那样的话，人性将消亡

חומות בתוך 50 שנים
יחנקו אותנו

גבוהות יותר
רחבות יותר

קופסאות צפופות ברציפות
יגרמו להתעצמות
כעס ואלימות
ייצרו לחצים נפשיים
סמויים
במקומות חיינו

החומות חייבות להיפסק
עכשיו
יהיה זה בלתי אפשרי
להפיל את החומות לאחר מכן
יהיה מאוחר מדי

יצירת בנייני הקופסאות
חייבת להיעצר
להשתנות

זיכרון הקופסה
יישמר כזיכרון
לא כחובה
אשר תהרוס את האנושות

Instead
Buildings must relate
To each other
Respect each other
Give to nature
Converse
Let air and light
Come in

New technologies
Enable us to create
New living forms
Even building sculptures
Of immense scale
And height

Architecture
Can be sculptural
Yet
Architecture
Can not be merely
Sculpture

If every building will be a sculpture
We will put the human race
To live in a museum of architecture

Visual noise will govern
Our eyesight
Our life
Creating built environments
Visual noise

AIDS of architecture

而
建筑应当
相互呼应
相互尊重
同自然
对话
享受空气
还有阳光

新的技术
让我们创造
全新的形式
并能建造
庞大无比的
建筑

建筑
可以宛若雕像
但
建筑
不能仅是
雕像

若建筑仅是雕像
你我就如同
生活在建筑博物馆里

视觉污染将主导
我们的视线
和生命
环境被禁锢
视觉污染

是建筑的"艾滋病"

במקום זאת
בניינים חייבים להתייחס
אחד אל רעהו
לכבד את האחר
להעניק לטבע
לשוחח
לאפשר לאוויר ולאור
להיכנס

טכנולוגיות חדשות
מאפשרות לנו ליצור
צורות מגורים חדשות
אפילו לבנות פסלים
בעלי קנה מידה וגובה
עצומים

אדריכלות
עשויה להיות פיסולית
אולם
אדריכלות
אינה יכולה להיות
פיסול בלבד

אם כל בניין יהיה פסל
נכניס את המין האנושי
לחיות במוזיאון של אדריכלות

רעש ויזואלי ישתלט
על ראייתנו
על חיינו
וייצור סביבות חיים בנויות של
רעש ויזואלי בלתי נסבל

מחלת האיידס של האדריכלות

Our life is busy

We are bombarded by
Ever increasing
Flood of information

Day and night
Through physical and virtual
mediums
Newspapers, billboards
street advertisements
Television, Internet

Consciously
Subconsciously
Flooded by endless waves
Of information
Technology
Of the 21st century

Yet
People long for
quietude

Missing
The refuge of the home
From daily hardships

From forced external
Visual noise

人生匆匆

信息
漫天飞舞
将我们狂轰滥炸

白天和黑夜
现实和虚拟
各类媒介
报纸公告板
路边广告牌
电视互联网

有意
抑或无意
新世纪
正掀起
信息科技狂潮
势不可挡

而人类
渴望
祥和

你我备尝
生活辛苦
视觉污染

更魂牵梦绕于
家，那宁静的港湾

החיים שלנו עמוסים

אנו מופצצים
במבול מידע ותקשורת
המתעצמים ללא גבול

יום וליל
באמצעות אמצעים פיסיים וגשמיים
ווירטואליים
עיתונים, לוחות מודעות
פרסום חוצות
טלביזיה, אינטרנט

במודעות
בתת מודעות
מוצפים בגלים אין סוף
של מידע
טכנולוגיה
של המאה ה-21

ואולם
בני האדם
כמהים לשלווה

מתגעגעים
למחסה הבית המגן
מקשיי היום

מכפייה חיצונית של
רעש ויזואלי

Serenity of Nature

In nature
Harmony prevails
In calmness
In balance

In nature we seek
Beauty
Inner peace

Deserts
Is where we meditate
In quietude
Listen to seemingly
Nothingness

Seas
We sail in
Wind blowing
In our face
Engulfed in blue waters
Vastness of free horizons

Lakes
Embrace us in quietude
To sail into mists
Of early mornings

大自然的静谧

大自然
充满和谐
多么宁静
多么平衡

我们向往
自然之美
那内心的宁静

沙漠
是我们沉思的地方
在寂静中
倾听
虚无的声音

大海
是我们远航的地方
海风轻拂
海浪拍岸
海角天涯
任我驰骋

河流
静静地拥你我入怀
披着晨雾
驶向朝霞

שלוות הטבע

בטבע
הרמוניה שורה
בשלווה
באיזון

בטבע אנו מחפשים
יופי
שקט פנימי

מדבריות
הם מקום ההגות שלנו
בדממה
מקשיבים לכאורה
לאין

ימים
שאנו מפליגים בהם
רוח נושבת
על פנינו
מוקפים במים כחולים
אופקים עצומים של חופש

אגמים
חובקים אותנו בדממה
לשוט לתוך ערפילים
של שחר מוקדם

Forests
Welcome us
To touch
Soft moss
Listen to wind
Gently moving
Airy leaves

Mountains
We climb on
To feel free
Touch a cloud
And skies
See sunset's painting
The world in rays
Of colors
And deep shadows

We accommodate nature
We accommodate to nature

Nature
Was here
Before us
It will be here
Long
After we are gone

We do not imitate nature
But
Learn from its logic
Its wisdom

森林
张开欢迎的双臂
请你我抚摸
湿软的青苔
聆听风儿
温柔地拂动
树叶的声音

山岭
是我们攀登的地方
在那里我们
放飞情感
任双手触摸白云朵朵
任双眼遍赏日落美景
世界绽放出
五彩光芒
与深影交相辉映

我们包容自然
自然也就包容我们

大自然
在你我之前
来到世上
并将长存于此
很久很久
即便你我离世而去

我们无须仿效
但要懂得
大自然的道理
还有她的智慧

יערות
מזמינים אותנו
לגעת
באזוב רך
להקשיב לרוח
המניעה בעדינות
עלים אווריריים

הרים
עליהם אנו מטפסים
לחוש בחופש
לגעת בענן
ושמיים
לצפות בשקיעת השמש הצובעת
את העולם בקרניים
של צבעים
וצללים עמוקים

אנו מסתגלים לטבע
מתארחים בטבע

הטבע
היה כאן
לפנינו
הוא יהיה כאן
הרבה אחרי
שאנחנו איננו

איננו מעתיקים את הטבע
אלא
לומדים מהגיונו
מחוכמתו

In massive neighborhoods
Of the future world

The sun will be blocked
The horizons will be walled

We
Must create
Quiet buildings
Calm neighborhoods
Soft forms

Tranquility

Not merely storage boxes
Rising walls of concrete
Stifling us
Mercilessly

未来世界
熙熙攘攘

太阳遍寻不见
天际无处可觅

我们
定要营造
宁静的建筑
安详的社区
柔和的形式

你我需要静谧

让我们对盒子般的建筑说不
对高耸的钢筋水泥围墙说不
它们将你我禁锢时
并不曾有半点怜悯

בשכונות עצומות
של עולם עתידי

השמש תחסם
האופקים יהפכו לחומות

אנו
חייבים ליצור
בניינים שקטים
שכונות מגורים רגועות
צורות רכות

שלווה

לא קופסאות אחסנה סתמיות
חומות בטון מתרוממות
שיחנקו אותנו
ללא רחמים

Love	爱	אהבה
Your neighbor	爱你的邻居	ואהבת
Like	就如同爱	לרעך
Yourself	你自己	כמוך
.	.	.
Love	爱	אהבה
Is	就是	היא
Giving	付出	נתינה
.	.	.
When we give	付出之后	כשאנו נותנים
We get back	又折返	מקבלים בחזרה
To Give	并给予	לתת
More	更多	יותר

Respect	尊重	כבוד
Respect of the self	尊重自己	כבוד לאני
Respect of mankind	尊重人类	כבוד לאנושות
Respect of our place	尊重大地	כבוד למקום
Respect of nature and	尊重自然	כבוד לטבע
Our environment	还有环境	כבוד לסביבה
.	.	.
Man made	人类建造	האדם יוצר
Man conquer	人类也征服	האדם כובש
.	.	.
We are	你我来到世上	אנחנו כאן
Not	岂是	לא
Here to Conquer	为了征服	לכבוש

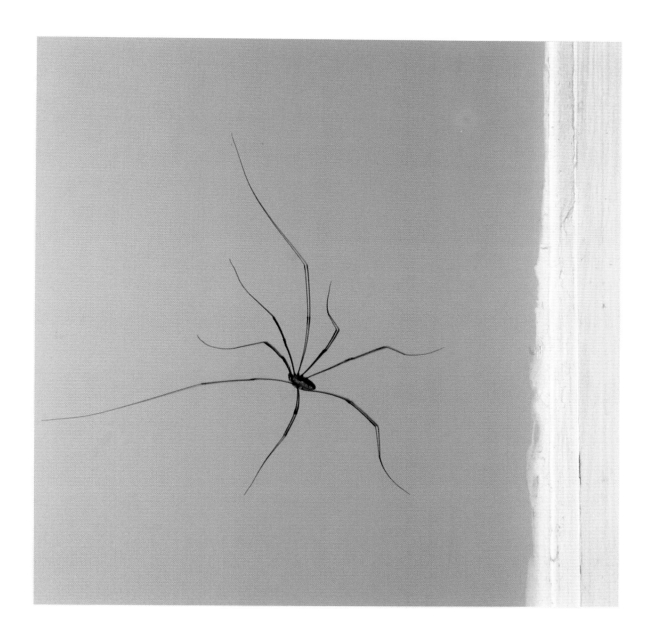

The Self

Throughout our lives
We learn
To accept ourselves
Accept our body
Our height
Skin and color
Our body weight and form

We learn to work
With our given machine

A machine in which
We live in

Our body
Is a machine to live in
As beautiful as is

We improve our facial mask
Take care of it
Even modify it
Yet
Only our eyes
Reveal
Inner soul
To the observer

We were given our body
Did not choose it
As if forced
To work with
Body
And soul

自我

我们毕一生精力
学习
怎样接受自我
接受
身材和高度
肌体和肤色
重量和体型

带着上天交付的身体
我们学着谋生的本领

是的
你我就居住在这身体里

栖居在此
这身体虽如机器
却也有着自身的美丽

你我生来就戴着面具
也尝试美化这面具
甚至还要改变它
而
你我的双眼
向洞察者
泄露出
深藏的灵魂

身体乃与生俱来
你我不曾为此选择
你我被迫接受这身体
还有
灵魂
别无他法

האני

לאורך תקופת חיינו
אנו למדים
לקבל את עצמנו
לקבל את גופינו
גובהנו
עור וצבע
משקל גופינו וצורתו

אנו לומדים לעבוד
עם המכונה שניתנה לנו

מכונה שבתוכה
אנו חיים

הגוף שלנו
הוא מכונה לחיות בתוכה
יפה כמות שהיא

נולדנו עם מסיכה
אנו מנסים לשפר אותה
אפילו לשנותה
ואולם
רק העיניים שלנו
מגלות
נפש פנימית
למתבונן

אנו קיבלנו את גופינו
לא בחרנו אותו
כאילו הוכרחנו
לשתף פעולה עם
גוף
ונפש

30

As if put to test
Experiment with
Accept it
To lift ourselves

To inner souls

Then

We respect
The self
As is

Cherish the machine
Maintain it

When we learn
To love
The self
Body
And soul

Only then
Respect prevails
To humankind
And nature

As is
Wherever it exists

就像做个实验
体会一番
接受这安排
你我便能窥探

内心的灵魂

随后

我们便尊重
自我
本身

珍视你我的身体吧
好好爱惜它

当我们学会
珍爱
自我
身体
还有灵魂

只有那时
尊重才降临人间
尊重才存于
自然

以它自己的形式存在
无论何处

כאילו הושמנו במבחן
לערוך ניסוי בו
לקבל אותו
להתעלות

אל נשמות פנימיות

ואז

אנו מכבדים
את האני העצמי
כמות שהוא

מטפחים את המכונה
מטפלים בה

כשאנו לומדים
לאהוב
את העצמי
גוף
ונפש

רק אז
כבוד ירווח
כלפי האנושות
והטבע

כמות שהוא
היכן שהוא מתקיים

Space

Space is
Which frees us

Uplifting our spirits

Space is
Physical and mental
Freedom of the mind

Mental space
Spiritual space
Physical space
Virtual space

We live in
Homes of storage
Cluttered
With artifacts

We lost our space
In residential cages

Space in desert
Space at sea

Flow of space
From within
Reaching out

空间

空间
释放了你我

从此逍遥自在

空间
是思想的自由
无论现实还是虚拟

思想的空间
精神的空间
现实的空间
虚拟的空间

我们居住的建筑
像储藏室
与摆设为伍
纷杂又凌乱

这牢笼般的建筑
夺走了你我的空间

沙漠拥有空间
大海拥有空间

空间是流动的
由内
而外

חלל

חלל
משחרר אותנו

מרומם את רוחנו

חלל הוא
חופש גשמי ורוחני
של הנפש

חלל רוחני
חלל נפשי
חלל גשמי
חלל וירטואלי

אנו חיים
בתוך מגורים של אחסנה
בערבוביה
של מוצרי צריכה

איבדנו את המרחב שלנו
בכלובי מגורים

מרחב במדבר
מרחב בים

זרימה של חלל
מפנים
החוצה

Space and Mass

Buildings create space
Among them
Between them

Walls
Define spaces
Create spaces
For people

Boxed towers
Create vertical
Meaningless places
Useless places
Between them

Static spaces
Where windows
Look straight at each other

Curved forms
Create
Dynamic spaces
Continuous spaces
And movement

空间和建筑

个体与群体
个体与个体
建筑中有空间

围墙
为人们
划出界限
创设空间

盒子般的大厦
刻划出垂直线条
构成了生硬空间
毫无意义
百无一用

静止的空间里
窗户与窗户
冰冷地面对面

婉约的线条
则能创造
鲜活的空间
伸展着
运动着

חלל וגושיות

בניינים יוצרים חלל
בתווך
ביניהם

קירות
מגדירים מקומות
יוצרים חללים
למען האנוש

מגדלי קופסאות
יוצרים חללים אנכיים
חסרי משמעות
מקומות חסרי תועלת
ביניהם

חללים נייחים
אשר חלונותיהם
מסתכלים ישירות אחד אל האחר

צורות מעוגלות
יוצרות
חללים דינמיים
רציפות חללית
ותנועה

Individual buildings
Stand aloof
One next to each other
Like soldiers in a parade

So are our neighborhoods

Buildings can gesture
To each other
Like in a quiet conversation

Buildings can create
A language
Among themselves

Buildings need to respect
One another
While forming
A dialogue

Without a sound

建筑
孤傲地彼此疏远
一栋隔一栋
就像士兵列队般整齐划一

我们的社区如出一辙

建筑与建筑
也能沟通
无声之中也能交谈

建筑能创造
语言
一种属于它们的语言

建筑之间需要
互相尊重
当彼此
交谈时

虽然如无声般寂静

בניינים יחידניים
עומדים צוננים
אחד ליד האחר
כחיילים במפגן

כך גם שכונות המגדלים שלנו

מגדלים יכולים לתת מחווה
אחד לרעהו
כבשיחה חרישית

מבנים יכולים ליצור
שפה
ביניהם

בניינים חייבים לכבד
אחד את רעהו
תוך יצירת
דו שיח

ללא קול

Form	建筑的形式	צורה
Is mass	由	היא גושיות
Made of	各种材料	עשויה
Material	堆砌而成	מחומר
Given	当融入了	מקבלת
Life	阳光	חיים
By	才获得	על ידי
Light	生命	האור

Technology and Form

Technology
Frees ourselves today
To create
Free form structures

New laser technologies
New materials
Enable us
To break away from the
Memory of the box
If
We choose to

Yet
If every building will become
A work of art
A sculpture
A fashion design

We will live in
Museum-like cities

Our children will live
In high visual noise

Which will clutter their minds
Creating restlessness
And psychological stress

技术和建筑形式

凭借技术
你我天马行空
放手创造
各种自由的建筑结构

新的激光技术
新的材料
给了我们利器
只要愿意
我们就能
忘却
关于盒子的记忆

但
如果建筑变成
刻板的雕像
或艺术品
或其他空洞的时尚

我们生活的城市
将如博物馆一般

孩子们将生活在
高度的视觉污染之下

天真的心灵
将变得迷茫
和躁动不安

טכנולוגיה וצורה

טכנולוגיה
משחררת אותנו היום
ליצור מבנים
של צורות חופשיות

טכנולוגיות לייזר חדישות
חומרים חדשים
מאפשרים לנו
לפרוץ
את זיכרון הקופסה
אם
אנו בוחרים לעשות זאת

ואולם
אם כל בניין יהפך
לעבודת אומנות
לפסל
לעיצוב אופנתי

אנחנו נחיה
בערים דמויות מחיאון

ילדינו יחיו
ברעש ויזואלי גבוה

אשר יעמיס על מוחם
ייצור חוסר שקט
ולחצים נפשיים

Therefore

A new language
Must be invented

A language of soft forms
New fonts
Of shapes which relate
To each other
In balance and harmony

A new language
Giving us tools
To create building forms
Functional and dynamic
Yet simple
Even basic
Like the memory
The basic box

Forms which will relate
To one another as if
In quiet conversation

Places of quietude

Peace of mind and soul

所以

一种全新的语言
将会诞生

那是一种柔和的语言
崭新的字体
和线条
相互呼应
平衡又和谐

用这样的语言
我们
描述出全新的形式
建造出实用又生动的建筑
这样的建筑
形式简练
甚至像记忆中
盒子的原形

这种形式
互相呼应
就像悄悄在对话

寂静之中

到处流淌着思想和灵魂的静谧

לפיכך

שפה חדשה
חייבת להיות מומצאת

שפה אדריכלית של צורות רכות נעימות
אותיות חדשות
של צורות המתייחסות אחת לשנייה
באיזון
בהרמוניה

שפה חדשה שתעניק לנו כלים
ליצור בניינים צורניים
שימושיים ודינמיים
אך במקביל
פשוטים
אפילו בסיסיים
כמו זיכרון
הקופסה הבסיסית

צורות אשר
יתייחסו אחת לרעותה
כמו בשיחה שקטה

מקומות של שקט

מרגוע ושלוות הנפש

Material and Form

Structures
Buildings
Like the human body

Skeleton
And backbone
Inner core with
Services and
Blood vessels
Inner energy

Life

Skin outside
Light and airy
Covers and protects

Like a soft skirt
A dress of silk
Modest or playful
That
Can be changed
In yearly seasons
Mornings or evenings

Into the night

With light
And darkness

材料和建筑形式

结构
和建筑
就像人体

骨骼
脊柱
血管
中枢系统
内在能量
构成运动的人体

生命

就如肌肤在外
轻且透气
遮盖并护佑肉体

就像丝绸衣裙
柔软飘逸
亦正亦邪
借助光明
还有黑暗
建筑的外壳
顺应时节

常换常新

白天黑夜
乐此不疲

חומר וצורה

מבנים
בניינים
כמו גוף האנוש

שלד
עמוד השדרה
גרעין פנימי עם
מערכות שירות
כלי דם
אנרגיה פנימית

חיים

עור בחוץ
קל ואוורירי
עוטף ומגן

כשמלה רכה
לבוש של משי
צנוע ועליז
אשר
יכול להשתנות
בעונות השנה
בקרים או ערבים

אל תוך הלילה

באור
ובחשיכה

The Paper Test

First rule of Architecture
Gravity

All weights must come down
To the center of our globe

Second rule of Architecture
Passion

Without it
Buildings are merely structures
To be utilized

Passion
gives soul
To buildings
Lifting our spirits
Touching our hearts
In few simple lines

We take a sheet of paper
It is flat
We drop it
Slowly it floats
In mid air
Down
Till it reaches ground

We crumble the paper
And drop it
It falls down
Reaching solid ground

关于纸的试验

建筑学第一定律
重力

一切物体重心向下
朝着地球中央

建筑学第二定律
激情

没有了它
建筑只是结构
仅有利用价值

激情
赋予建筑
以灵魂
灵光乍现时
只需寥寥数笔
便能触动心弦

取一张纸
薄薄的一张纸
任它飘落
薄纸悠悠
飘向半空
缓缓落下
触到大地

再将纸撕成碎片
朝地上扔去
纸往下掉
落在地面

מבחן הנייר

החוק הראשון באדריכלות
כוח המשיכה

כל המשקלים חייבים לרדת
למרכז כדור הארץ

החוק השני של האדריכלות
התלהבות

בלעדיה
בניינים יהיו מבנים סתמיים
לשימוש

התלהבות
מעניקה לבניינים
נשמה
מרוממת את נפשותינו
נוגעת בליבנו
באמצעות קווים פשוטים בודדים

ניקח דף נייר
הוא שטוח
נניח לו לנפול
לאיטו הוא מרחף
באמצע האוויר
מטה
עד אשר יגע בקרקע

נקמט את הנייר
נניח לו לנפול
הוא נופל מטה
מגיע לקרקע מוצקה

We have changed the structure
Of the paper
Its inner molecules have changed
To form a new shape

If we scan the crumbled paper
We can build a sculpture
Two meters in height
Or erect a twenty-story structure

Technology is available
To do just that

Yet
If every structure
Will become
A crumbled shape
A sculpture

We will live
In a museum of buildings
In chaotic environments

It will be
A praising song
To ego of mankind

Yet
To human beings
Unbearable visual noise
A tortuous existence
To live in

就这样
我们改变了纸的结构
纸的分子也随之改变
产生了一个新的形状

借用碎纸
我们能造出
一个雕像，两米多高
或一个结构，二十层楼

技术就是这样
为我们所用

但
如果建筑结构
变成
皱巴巴的
雕像

你我无异于生活在
陈旧杂乱的
建筑博物馆里

这只是
一首人类为自己
吟唱的赞歌

但
你我
岂能容忍
这视觉的污染
这生存的苦境

שינינו את המבניות
של הנייר
המולקולות הפנימיות שלו השתנו
ליצירת צורה חדשה

אם נסרוק את הנייר המקומט
נוכל לבנות פסל
שני מטרים גובהו
או להקים מבנה בן עשרים קומות

הטכנולוגיה זמינה
לעשות זאת

ואולם
אם כל מבנה
יהפוך
לצורה מקומטת
לפסל

אנחנו נחיה
במוזיאון של בניינים
בסביבות אנדרלמוסיה

יהיה זה
שיר תהילה
לאגו של האנוש

אולם
לבני האדם
רעש ויזואלי בלתי נסבל
קיום של עינוי
לחיות בתוכו

AURORA

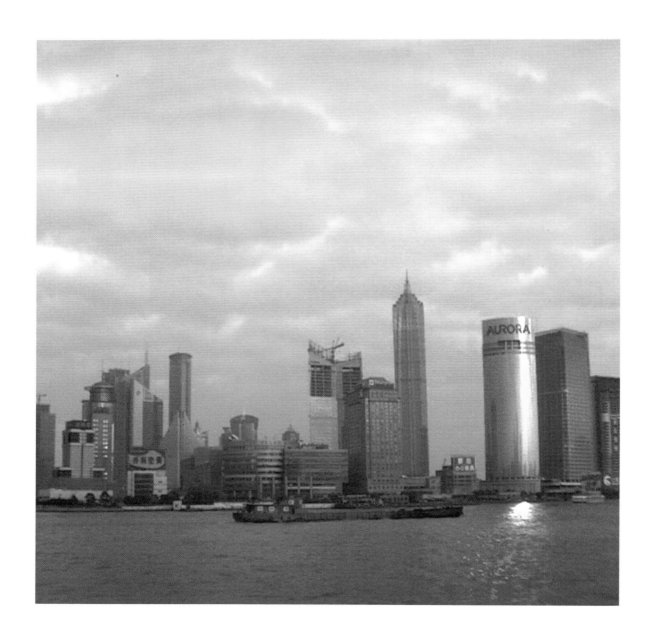

立邦漆
Carrier
开利空调

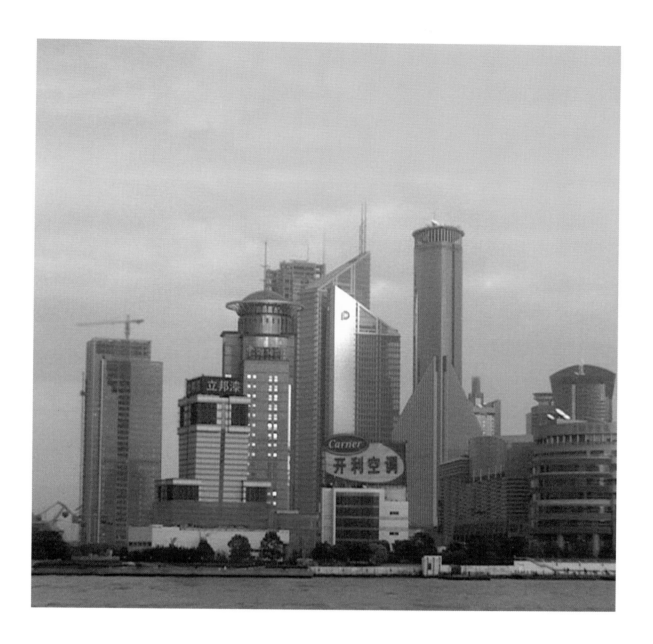

Light

Light is energy

Light is force of nature

Light is power

It can travel faster
Than we perceive

Further
Than we can comprehend

A laser beam
Cuts through steel or concrete
Like butter

Yet
We live in a mechanical epoch
Using substance, materials, tools
Rather than energy

Light should
Free us from bonds
Of mechanical chains into

Free

Life

阳光

是能量

是自然的力量

阳光无比强大

它的速度
快过你我的想象

它的旅程
超越你我的视野

一束激光
切割起钢或混凝土来
就像你我切黄油般容易

正是这样
我们生活在机器的时代
倡导实物材料和工具
而非能量

阳光
能为我们
打开机械的枷锁

让你我自由地

生活

אור

הוא אנרגיה

אור הוא כוח של הטבע

אור הוא עוצמה

הוא נע מהר יותר
מתפישתנו

רחוק יותר
משאנו יכולים לקלוט

קרן לייזר
חותכת דרך פלדה ובטון
כבחמאה

אולם
אנו חיים בעידן מכאני
משתמשים בחומר, חומרים וכלים
במקום באנרגיה

אור
צריך לשחרר אותנו
מכבלים מכאניים אל

חופש

החיים

Light and Protection

Light
Should shield us

A building engulfed
In exterior light
Protecting inner spaces
From harsh exterior sunlight

Like shutters or screens
Light can screen
From light

As light outside intensifies
A shield of light protects

Like a flower
It will open and close
Gently
Naturally
Not mechanically

It is there
It is not

It exists
We can see it
Or not
If we choose not to

Layers of light
Protecting

光照和遮阳

阳光
应能保护我们

当建筑暴露在
炙热的阳光下
我们要保护建筑内部
不因此受到损伤

就像百叶窗还有遮阳膜
利用好光线
就等于隔离了强光

当强光愈演愈烈
光罩体现出保护作用

就像一朵鲜花
开开合合
缓缓地
自然地
丝毫也不机械

时有
时无

你我都能望见
它就在那儿
只要你我愿意
瞬即它就消失

利用好光线
就能保护好自己

אור והגנה

אור
צריך להגן עלינו

בניין עטוף
באור חיצון
המגן על מקומות מופנמים
מאור השמש הקשה החיצוני

כתריסים ומסכים
אור יכול למסך
מאור

כשאור החוץ מתעצם
מגן של אור מחפה

כמו פרח
הנפתח ונסגר
בעדינות
בטבעיות
לא באמצעים מכאניים

הוא כאן
הוא לא

הוא קיים
אנו יכולים לראות אותו
או לא
אם בחרנו שלא

שכבות של אור
מגנות

Energy protects Like energy of love	能量能保护你我 就如爱的能量	אנרגיה מגנה כמו אנרגיה של אהבה
Love is there	爱就在面前	אהבה קיימת כאן
Love can not be touched Love is felt	虽然触摸不到 用心总能感觉	אי אפשר לגעת באהבה אהבה מרגישים
Love is energy	爱就是能量	אהבה היא אנרגיה
Sound is energy	声音也是能量	קול הוא אנרגיה
It exists And gone instantly Sound after sound Faster·than waves of seas	它来来去去 轻松自如 声音此起彼伏 快过波涛翻滚	הוא קיים ומיד נעלם צליל אחר צליל מהר יותר מגלים של ימים
We can not touch sound We can not touch love We can not touch light	就像触摸不到 声音和爱一样 我们也触摸不到阳光	איננו יכולים לגעת בקול איננו יכולים לגעת באהבה איננו יכולים לגעת באור
Energy of light Exists Perceived And felt	然而 阳光的能量 确实存在 你我对此深信不疑	אנרגיה של אור קיימת מובחנת מורגשת
Creating life Protecting life	阳光创造生命 阳光护佑生命	יוצרת חיים מגנה על החיים

Place and Context

The world is a global village
Seemingly
A global home

Yet
In high mountains
With wind blowing
In bitter cold

A place of refuge
With inner warmth
And shielding envelope

In deserts
Scorching sun
Inner coolness
In deep shades

At seashore
Breeze
Flowing through our home
Gently

We are different
Our geographical regions vary

Our places of habitations
With Individual
Architectural characters
Unlike global village

Must reflect each place
And region
With its uniqueness

居住的环境

世界就是一个大村庄
看上去就像
一个大家庭

当
北风呼啸
吹过高山
天寒地冻

家的港湾
是内心温暖的源泉
是抵御险恶的盾牌

沙漠无垠
烈日炎炎
家的树荫
带来内心的清凉

大海浩瀚
凉风习习
温柔拂过
我们的家园

你我并不相同
居住环境也都各异

我们居住的地方
建筑风格
各有不同
不必像一个大村庄

而要体现每个地方
和区域
自己的特色和灵魂

מקום והקשר

העולם הוא כפר גלובאלי
לכאורה
בית של העולם

אולם
בהרים גבוהים
עם רוח נושבת
בקור עז

מקום מחסה
עם חום של פנים
ומעטפת מגנה

במדבריות
שמש צורבת רותחת
קרירות של פנים
בצללים עמוקים

בחוף הים
משב רוח
זורם דרך ביתנו
בעדנה

אנו שונים
אזורינו הגיאוגרפיים משתנים

מקומות מגורינו
הינם בעלי אופי אישי
ואדריכלי
בניגוד לכפר גלובלי

חייבים לשקף כל מקום
ואיזור
עם ייחודיותו ונשמתו

Projects	项目	פרויקטים
.	.	.
Process	过程	תהליך
.	.	.
Concept	概念	רעיון
Design	设计	עיצוב
Construction	建造	בנייה

Pavilion of Dialog	对话的国家馆	ביתן של דיאלוג
Two hugging hands	像紧握的双手	שתי ידיים משולבות
Past and future Human and nature Human to human	过去和未来 人文和自然 人与人	עבר ועתיד אנוש וטבע אנוש ואנוש
Quiet prayer Of dialog	静静地对话 为生命	תפילה חרישית לדיאלוג
For life	祈祷	בחיים

Israel Pavilion in World Expo 2010
Shanghai, China

The national Israeli Pavilion for the World Expo 2010 in Shanghai, China, designed by architect Haim Dotan and designer Amir Prosper, is an innovative and architectural futuristic structure symbolizing dialog, breakthrough and technology. Flowing in form while expressing movement and dynamics, the pavilion continuously transforms as the light changes during the day and night.

The pavilion is composed of two architectural curvilinear forms hugging each other like two hands or two shells, built of stone and glass. The two dynamic forms symbolize, like the ancient Chinese Yin-Yang, a quiet conversation between man and nature, man and man, nation and nation, past and future, temporality and eternity. Within the two forms are two uplifting architectural spaces, symbolizing the spirituality of the ancient and modern Jewish nation and its cultural contribution to the world.

The 24-meter high, 1,300 square meter pavilion is built on a 2,000 square meter site. The project consists of three experiential realms: Enlightened Garden (dialog with nature), Hall of Light (Israeli scenes and cities) and Hall of Innovations (a 360 degree multi-media display of Israeli technological innovations).

2010世博会以色列国家馆
中国，上海

由建筑师渡堂海和设计师阿米尔·普罗斯珀设计完成的中国上海2010世博会以色列国家馆是一座兼具创新性和前瞻性的建筑，体现了对话、进步和高科技的主题。流线型外形充满了动感和活力，随着日夜灯光的变幻，国家馆的外观也随之产生不同变化。

以色列国家馆由两个流线型建筑体环抱而成，外形好似紧握的双手，又好似两个贝壳，分别采用石材和玻璃建造。就像中国古老的阴阳哲学一样，这两个动感十足的建筑体象征着人类与自然、人类与人类、国家与国家、过去与未来、短暂与永恒之间静谧的对话。两个建筑体的内部空间各有其精彩之处，展示了犹太民族古代和现代的精神性，以及对世界文化的贡献。

以色列馆坐落在2,000平方米的地块上，建筑面积为1,300平方米，高达24米。展馆包括三个不同的体验区：低语花园（同自然的对话）、光之厅（以色列风光和城市风貌）以及创新厅（展示以色列技术创新的360度多媒体影院）。

ביתן ישראל בתערוכה העולמית אקספו 2010
שנגחאי, סין

הביתן הלאומי של ישראל בתערוכה העולמית אקספו 2010 בשנחאי, סין, אשר תוכנן ע״י אדריכל חיים דותן והמעצב פרוספר אמיר, הוא מבנה ארכיטקטוני חדשני וטכנולוגי המסמל דיאלוג תנופה ופריצה. הביתן זורם בצורתו ומביע תנועה ודינאמיות, מבנה המשתנה בכל זווית ראייה בשעות היום והלילה.

הבניין מורכב משני גופים ארכיטקטוניים המחבקים אחד את רעהו בדומה לשתי ידיים משולבות והבנויים מאבן וזכוכית. שני הגופים הדינמיים בצורתם מסמלים בדומה לסמל יין-יאנג הסיני העתיק, דיאלוג בין אדם וטבע, אדם לאדם, דו-שיח בין עם לעם, בין העבר לעתיד, זמניות מול נצחיות. החללים הפנימיים של הביתן הישראלי הינם חללים מעוגלים אמורפיים המתנשאים אל-על ומסמלים את רוחניות ונצחיות העם היהודי העתיק והמודרני ותרומתו התרבותית לעולם.

שטחו של הביתן הוא כ-1300 מטר רבוע, גובהו 24 מטר והוא בנוי על שטח מתחם בן 2,000 מטר רבוע. הביתן מורכב משלושה חלקים: גן ההארה (דיאלוג עם הטבע), היכל האור (נופי ישראל ועריה) והיכל החידושים (מיצג בן 360 מעלות של חידושים טכנולוגיים ועתידניים ישראליים).

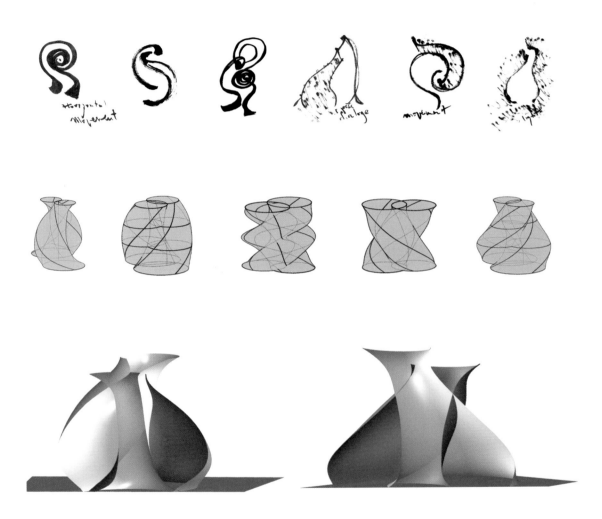

以色列
ישראל
ISRAEL

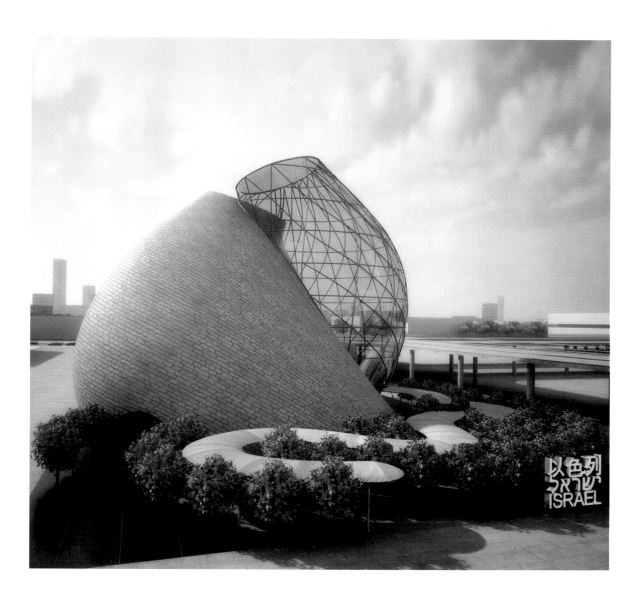

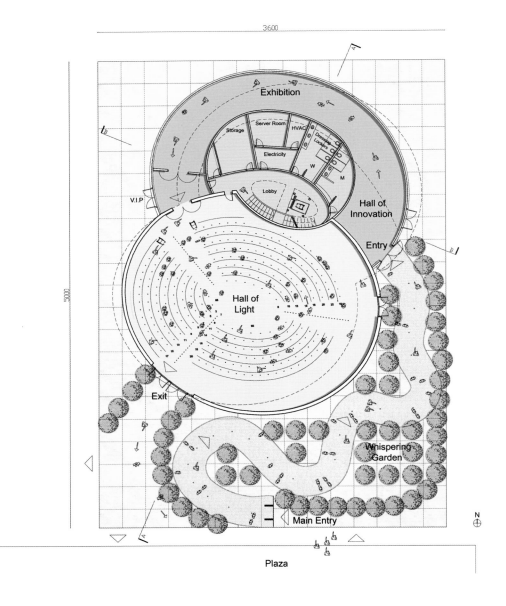

3600

5000

Exhibition

Storage   Server Room   HVAC

Electricity

Dressing
Lockers

W

M

V.I.P

Lobby

Hall of
Innovation

Entry

Hall of
Light

Exit

Whispering
Garden

Main Entry

N

Plaza

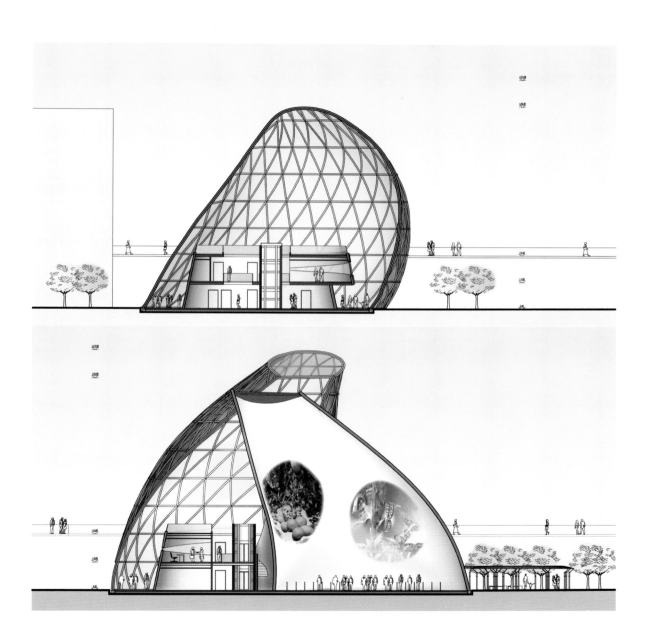

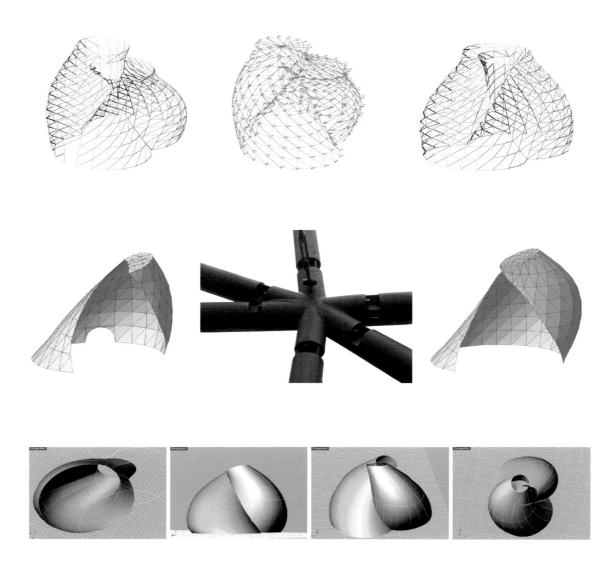

Solar Flower Tower

Sun
Light

Blooming
Solar flowers

Turning deserts into
Gardens
Of life

太阳能塔

阳
光

盛开的
太阳花

将沙漠变成
生命的
花园

מגדל הפרח הסולרי

שמש
אור

פרחים סולאריים
פורחים

הופכים מדבריות
לגנים
של חיים

AORA Solar Energy Tower
Samar, Israel 2009

The AORA solar energy tower is an international icon for clean solar energy worldwide. The pioneering project was first installed in Kibbutz Samar, in the southern desert of Israel and is the world's first commercial hybrid solarized gas-turbine power station capable of producing uninterrupted, green power during the day. It generates 100kW of electric power and 170kW of thermal power for small communities. The 30-meter high solar tower consists of a structural column and mechanical spaces containing a solar receiver, gas turbine and other electric and mechanical equipment. Solar radiation is concentrated onto the tower by reflecting the sunlight from an array of sun-tracking mirrors on the ground.
The architectural challenge was to create a new vision for clean solar towers worldwide; to see them as not merely utilitarian and functional structures but beautiful objects in the landscape. In this project, solar towers are conceptualized as colorful flowers, complimenting natural topography with soft curvilinear forms, and symbolizing harmony and love of nature.

AORA太阳能塔
以色列，萨马，2009

AORA太阳能塔是清洁太阳能塔的标志性建筑，具有广泛的国际知名度。首期项目被安装在位于以色列南部沙漠的萨马农场，是世界上第一个能在白天生产不间断绿色能源的商业混合太阳能燃气轮机发电站。该项目100千瓦电力、170千瓦火力的产能，可以供小型社区使用。30米高的太阳能塔内部由承重柱和机械空间组成，安放有太阳能接收器、燃气轮机以及其他电气和机械设备。地面上一排排太阳跟踪镜将太阳辐射聚集并反射到太阳能塔上。
这一具有挑战性的项目成功地为世界范围的清洁太阳能塔的建造描绘了一个新的愿景，即不仅具有实用性和功能性，还兼备美化环境的作用。在这一项目中，太阳能塔被塑造成多姿多彩的花朵，以其柔和的线条同自然地貌交相辉映，象征着和谐和对大自然的热爱。

מגדל אנרגיה סולרי
קיבוץ סמר, ישראל 2009

מגדל האנרגיה הסולארית שהוקם על ידי חברת אאורה הוא אייקון בינלאומי לאנרגיה סולארית נקייה. המגדל החלוצי הראשון שהוקם בקיבוץ סמר בערבה הינו תחנת האנרגיה התרמו-סולארית המסחרית הראשונה בישראל המסוגלת לייצר אנרגיה ירוקה ללא הפרעה ולאורך כל היום. התחנה מפיקה 100 קילוואט חשמל ו170 קילוואט אנרגיה תרמית לשימוש ישובים קטנים. מגדל האנרגיה בגובה 30 מטר מורכב מעמוד קונסטרוקטיבי וחללים טכניים ובהם קולט סולארי מיוחד, טורבינת גז וציוד אלקטרוני ומכני רלוונטי. התחנה משתרעת על פני שטח של 2 דונם אדמת מדבר ומורכבת משדה של 30 מראות העוקבות אחר תנועתה של השמש וממקדות את קרניה כלפי ראש מגדל.
האתגר האדריכלי היא יצירת חזון חדש למגדלי אנרגיה סולרית נקייה ברחבי העולם, לראותם לא רק כמבנים שימושיים אלא אובייקטים יפים בנוף. בפרויקט בסמר מגדלי האנרגיה הסולארית מעוצבים כפרחים צבעוניים המשלימים את הטופוגרפיה הטבעית של הנוף עם צורות שקטות ומעוגלות המסמלות הרמוניה ואהבת הטבע.

A-203
400
3000
2600
IPE 220
130
100
130
360
4-4
33
100
33
165
3-3
14
100
14
127
2-2
80
28
127
28
29
182
29
240
1-1

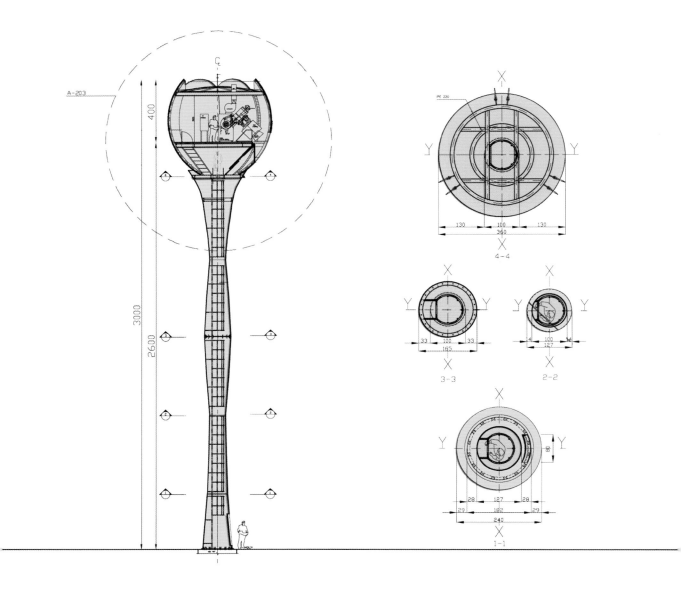

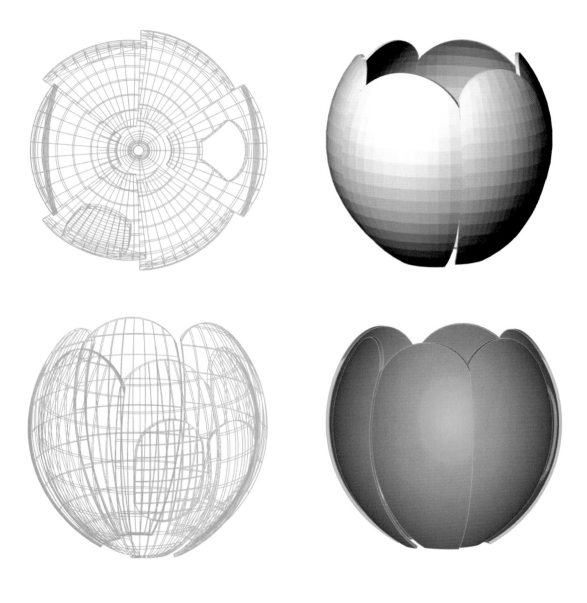

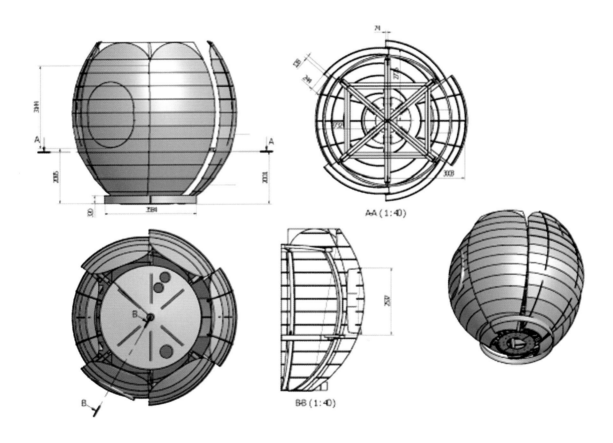

AA (1:40)

BB (1:40)

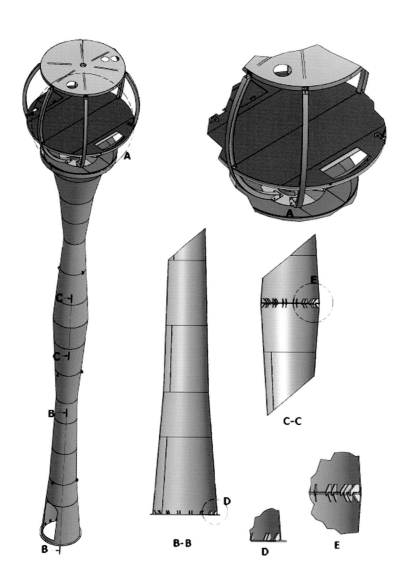

A

A

C

C

B

B

B-B

C-C

D

D

E

E

School of Enrichment　　充实的校园　　בית ספר להעצמה

All children
Need protection
Serene environments
Of learning

Therefore
We must create
Places of refuge
With calmness
Of nature
For our children

Tranquility
Of soft forms

Like hills
Hugging a green valley
With sound
Of quiet waters
A shading tree

An oasis

In harsh environments
Of boxes of
Hard concrete

· ·

所有孩子
都需要安全
和安静的环境
以利学习

为了他们
我们要开辟出
一方净土
同大自然一样
安详的
净土

平静
以柔和的形式存在

就像小山
拥抱
绿色峡谷
听流水湍湍
看树荫环绕

这是一方绿洲

钢筋水泥盒子
包围下的
一方绿洲

כל הילדים
זקוקים להגנה
לסביבות חיים שקטות
של לימוד

לפיכך
אנו חייבים ליצור
מקומות של מחסה
שלווה
של הטבע
למען ילדינו

שקט
של צורות רגועות

כגבעות
המחבקות עמק ירוק
עם צליל
מים שקטים
עץ מצל

נאת מדבר

בסביבות עירוניות קשות
של קופסאות
הבטון

The Azrieli Institute of Educational Enrichment
Beer Sheva, Israel, 2003-2007

Educational Goal: to create a new concept and framework of education dedicated to children who drop out of school due to economic and social crises.

The 1,000-square-meter low cost educational building is conceived as "oasis environment", a place of quietude, tranquility, warmth and safety. The building is conceptualized as nature with soft topographical forms made of spray concrete. The curvilinear asymmetrical buildings symbolize harmony and togetherness like Yin-Yang. Two hill-like wings enclose an intimate courtyard among them, the heart of the project. The courtyard serves as a place of social and educational activities as well as an intimate contemplative space.

The complex stands as an architectural innovation due to its engineered construction, form and low costs. The design philosophy advocates know-tech: High-tech design process; Low-tech construction methods with local unskilled construction workers and low construction -costs.

阿兹列里教育增进学院
以色列，贝尔谢巴，2003–2007

教育宗旨：为因经济和社会原因辍学的孩子们创造一个新的教育概念和机制。这个占地1,000平方米，且成本低廉的教育机构被视作一个安静、平和、温暖又安全的“生态绿洲”。这栋建筑体现了大自然柔和的地貌形态，用混凝土喷洒而成。曲线形的不对称外形使该建筑展现出阴阳共处的和谐及和睦。建筑两翼形如丘岭，环绕着内部的庭院，那是整个建筑的中心。庭院在功能上既是一个进行社会和教育活动的场所，同时又为人们冥思静想提供了空间。

这一建筑群因其精巧的建造、外形和低廉的成本而体现了建筑上的创新。其背后的设计哲学则体现了知识技术的运用，即高科技的设计过程、较低技术含量的建造方法、本地欠熟练建筑工人和低廉的建造成本的有机结合。

מכון עזריאלי להעצמה חינוכית
באר שבע, ישראל 2007–2003

מטרה חינוכית: יצירת קונספציה ומסגרת חינוכית חדשה המיועדת לילדים שנפלטו מבתי הספר בגלל מצבים כלכליים וחברתיים בעייתיים קשים. הבניין בן 1,000 מטר רבוע, נתפס כנווה מדבר, מקום של שקט, שלווה והגנה. טבע עם צורות טופוגרפיות הבנויות מבטון מותז ועליו מטפסים ירוקים.

צורות הבניין המזכירות גבעות רכות מסמלות הרמוניה ושיתוף. שני אגפים מעוגלים ומקומרים חובקים חצר פנימית אינטימית, המהווה לב חברתי, לימודי והגותי.

הפרויקט הינו חדשני באדריכלות בטכנולוגית הבניה, צורתו והשימוש בחומרי גימורו ועלויות הבנייה הנמוכות. הוא מהווה מהפיכה בשפה האדריכלית הישראלית. פילוסופית העיצוב דוגלת בתכנון "היי-טק" ובתהליכי בניה "לו-טק", תוך שימוש בכוח בניה מקומי בלתי מיומן בשטח. הבטון המותז הוא חומר גימור עמיד בתנאי אקלים קשים הדורש רמת תחזוקה נמוכה ביותר.

center for educational enrichment in
Beir Sheva   Da Hino Olgi 2005

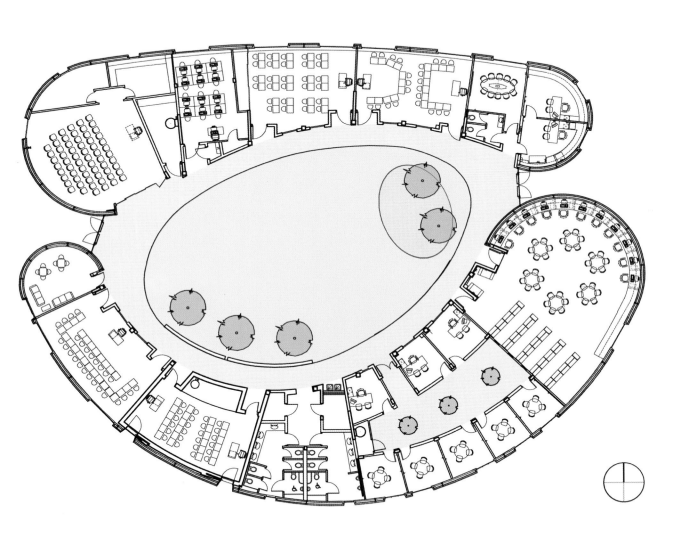

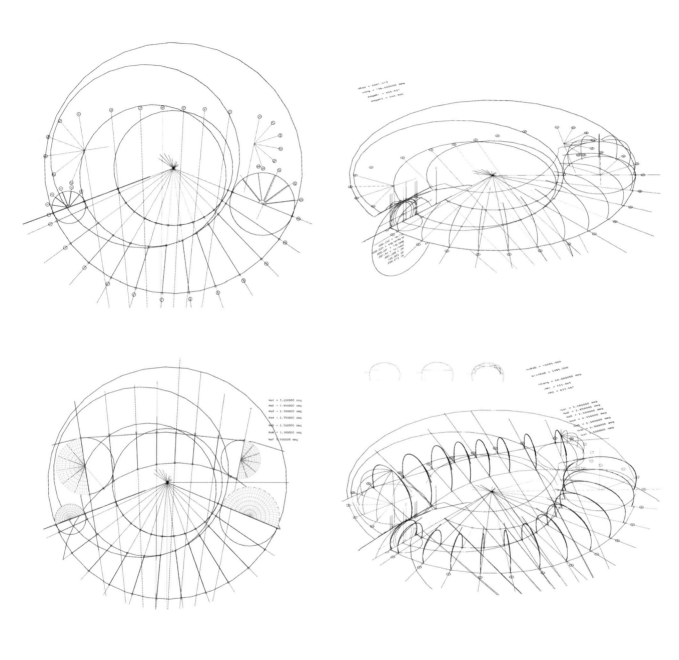

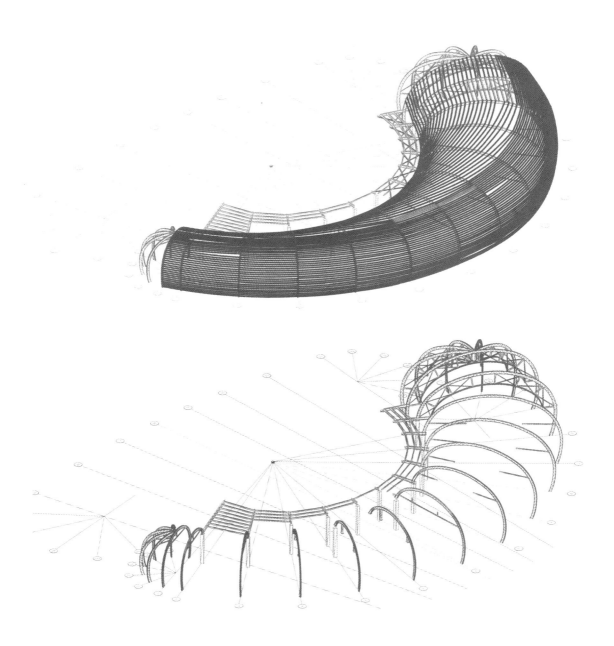

Campus of Nature

A new place
Of learning
For our children

Gentle
Man made
Topography of
Hills and
Valleys

Memory
Of vanishing
Rolling hills

Lost orchards
Of sweet nectar smell

自然的校园

一个全新的地方
孩子们
学习的天堂

精心
绘出
山岭和
峡谷的
图卷

那是记忆中
消失的
滚滚群山

久违的果园
散发出甜美的清香

קמפוס של טבע

מקום חדש
ללימוד
למען ילדינו

רך
יציר אדם
טופוגרפיה
של גבעות
ועמקים

זיכרון
גבעות זורמות
נכחדות

פרדסים אבודים
ריח מתוק של נקטר

The Walworth Barbour American International School
Library Building, Even Yehuda, Israel, 2003-2007

The design philosophy of the American International School (Architects: Haim Dotan Ltd, Plesner, H2L2) is anchored in simplicity and in viewing the school as a village of learning in nature. The concept is a tranquil learning environment inside courtyards and gardens, where nature is the principal -actor, conducive for studying, happiness and freedom.
The design goal of the library was the creation of a building with heart and soul for the children and the staff, which expresses the beauty of nature and mankind. The structure is conceived as natural topography in the disappearing rural landscape of hills and orchards. The round form, similar to a hill, symbolizes completeness and harmony. The heart of the building is a round, embracing courtyard which opens to the skies and has in its midst a goldfish pond. It is a space of inner quietude and meditation for the children.
Sustainable, ecological principles are assimilated into the library building which significantly decreases ecological damage and energy consumption. Natural light, winter solar radiation, building shadings, natural ventilation and cooling of the hot air over the water pond, the use of local materials and the reuse of rainwater, improve the building's sustainability.

沃尔沃斯・巴伯美国国际学校
图书馆楼，以色列，伊文・耶胡达，2003–2007

美国国际学校（渡堂海设计师事务所，Plesner, H2L2）的设计哲学是简约，把校园视作大自然中的学习村。其理念是要在内院和花园中营造一个安静的学习环境，在那里，大自然扮演着主要角色，创造一个有利学习的快乐、自由的环境。
图书馆的设计宗旨是要全心为孩子们和教职员工建造一幢适合他们使用的建筑，展现出自然和人文之美。该建筑体现了消失中的乡村群山和果园的自然地貌。圆圆的外表形似小山，象征着完满及和谐。建筑的心脏部分是一个圆形的露天庭院，庭院中心建有一个金鱼池。这样的设计为孩子们营造了安静的环境，是他们静心思考的理想场所。
图书馆楼运用了可持续、生态的原则，极大程度上降低了对生态环境的破坏，并达到了节能的目的。自然光、冬季太阳辐射、建筑投影、池塘上方的自然通风和降温功能、本地材料的运用，以及雨水的再利用等特点，都较好地提高了建筑的可持续性。

בניין הספרייה - בית הספר הבינלאומי האמריקאי
אבן יהודה, ישראל 2007-2003

פילוסופית תכנון בית הספר בינלאומי האמריקאי (אדריכלים: חיים דותן בע״מ, פלסנר, H2L2) מעוגנת בפשטות, בראיית בית הספר ככפר לימודים בחיק הטבע תכנון סביבת חיים שלווה בלב גנים, מקום שהטבע הוא המרכיב הראשי עם אור ומבטי נוף קרוב ורחוק, תיצור אווירת לימודים שלווה, שמחה וחופש.
השאיפה העיצובית של בניין הספרייה הייתה ליצור מבנה עם לב ונשמה עבור הילדים והסגל אשר יביע את יופי הטבע והאנוש. הבניין נתפס כטופוגרפיה טבעית בלב נוף כפרי הולך ונעלם של גבעות, פרדסים וחורשות. המבנה עגול בדומה להר ומסמל שלמות והרמוניה. לב הבניין הוא חצר פנימית עגולה ומחבקת, חלל פתוח אל השמים ובחובו בריכת דגי זהב. מקום של שקט נפשי והתייחדות הילדים לבדם או עם חבריהם לשיחה שקטה.
בניין הספרייה משלב את עקרונות האדריכלות האקולוגית הירוקה להקטנת הפגיעה בסביבה, לחסכון בהוצאות התפעול השוטפות ולשיפור התדמית האקדמית. במבנה יושמו עקרונות השימוש באור טבעי, ניצול מכסימלי של חום השמש בחורף, הצללות, אוורור טבעי וקירור אויר חם באמצעות בריכת המי, שימוש בחומרים מקומיים, מחזור מי גשמים וחסכון באנרגיה.

Section
Service court
Cafeteria
elementary school
middle school
high school

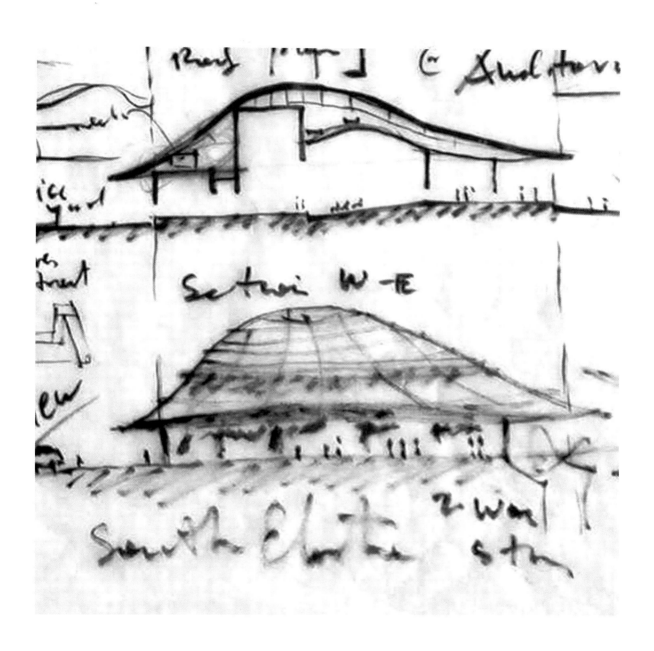

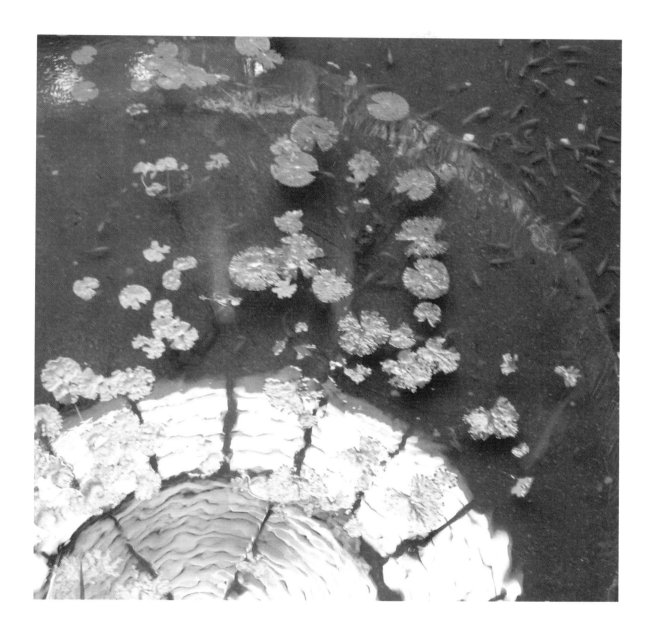

Rock and Flower

Serenity

After stormy rain

A flower

Out of ancient rocks

岩石和花儿

宁静

经历了风雨

一朵小花

在远古的岩石中绽放

סלע ופרח

שלווה

לאחר סופת הגשם

פרח

מתוך סלעים קדומים

Rehovot Performing Arts Center
Rehovot, Israel, 2004

Old Rehovot was a beloved small town engulfed in greenery, shrouded in blooming orchard fragrance. Today's Rehovot is a city where orchards have become residential neighborhoods and commercial centers surrounded and bisected by roads and urban noise. The design concept is a built quiet element of nature incorporated into a new park.
The new complex will stand in contrast to the immediate surroundings of typical residential boxes. The 3,300-square-meter building is made of soft and curvilinear lines, fluid and free of symmetry and straight lines. The form of the structure expresses dynamics and natural topography. The entrance foyer is a flowing space, encircled by curved walls like a flower. The central structure is built in an amorphic shape like a mountain in nature. The building will be constructed of steel and concrete covered with natural stone, to create natural beauty, a connection to nature and minimal maintenance costs.

雷霍沃特演艺中心
以色列，雷霍沃特，2004

昔日的雷霍沃特在人们心目中是一个深受爱戴的小镇，它四周绿树环绕，空气中弥漫着果树与鲜花的芬芳。今日的雷霍沃特已经城市化，果园被住宅小区和商业中心取代，马路和城市的嘈杂包围并分割着这座城市。演艺中心的设计理念是要建造一座体现大自然静谧一面的新型公园型建筑。
这一新建筑群与周边盒型的住宅建筑形成了鲜明的对比。占地3,300平方米的演艺中心由柔和的曲线构成，由于弃用了传统的对称、笔直的线条，因而富有优美的流动感。其结构外形充满动感，同时也体现了自然的地貌。入口大厅是个流淌着的空间，环绕它的是花朵形状的曲线形外墙。中央结构部分不受形状的约束，宛若矗立在大自然中的山岭。建筑结构采用钢筋混凝土建造，表面覆以天然石材，既营造出自然之美，又具有维护费用低廉的优点。

משכן אומנויות הבמה
רחובות, ישראל, 2004

רחובות של "פעם" הייתה מושבה אהובה, שקטה, טבולה בירוק, אפופה בניחוח הפרדסים ובפריחתם. רחובות של היום היא עיר ישראל אשר פרדסיה הפכו לשכונות מגורים ומרכזי מסחר מוקפים ומפוצלים בכבישים והמולה אורבאנית. רעיון הבניין הוא יצירת טבע בנוי ושקט המשתלב בפארק חדש.
המתחם החדש יהיה מנוגד לסביבה המיידית הבנויה מקופסאות מגורים סטנדרטיות. קווי הבניין בן 3,300 מ"ר הינם רכים ומעוגלים, חסרי צורה מוגדרת או סימטריה. צורות הבניין מביעות דינמיות ואורגניות המתייחסות לטבע ולטופוגרפיה הסובבים. אולם הכניסה הוא חלל זורם המוקף בקירות מעוגלים בדומה לפרח. המבנה המרכזי בנוי מצורות אמורפיות בדומה להר בטבע. חומרי הבנייה יהיו קונסטרוקציות בטון ופלדה מחופות באבן טבעית ליצירת יופי אסתטי, חיבור לטבע ותחזוקה מינימאלית

460
270
71.40
10
210

600
10
270
110

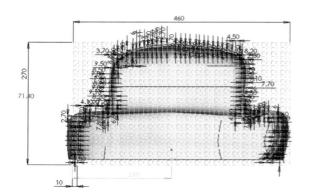

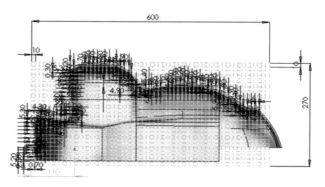

650
260
520
10
110
10
7.70
4.50

6.30
3.50
9.70
6.60
5.10
4
1.40
3.70
9.20
7.60
4.60
4.30
8.80
8.10
4.70
9.40
5.50
4.10
7.80
0.50
170
4.80
1.90
10
10
140

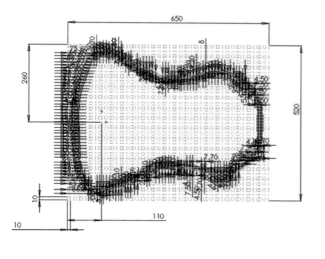

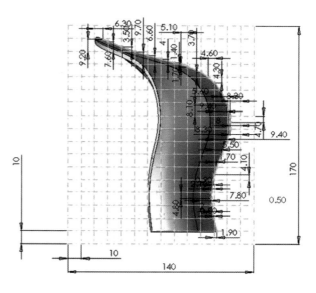

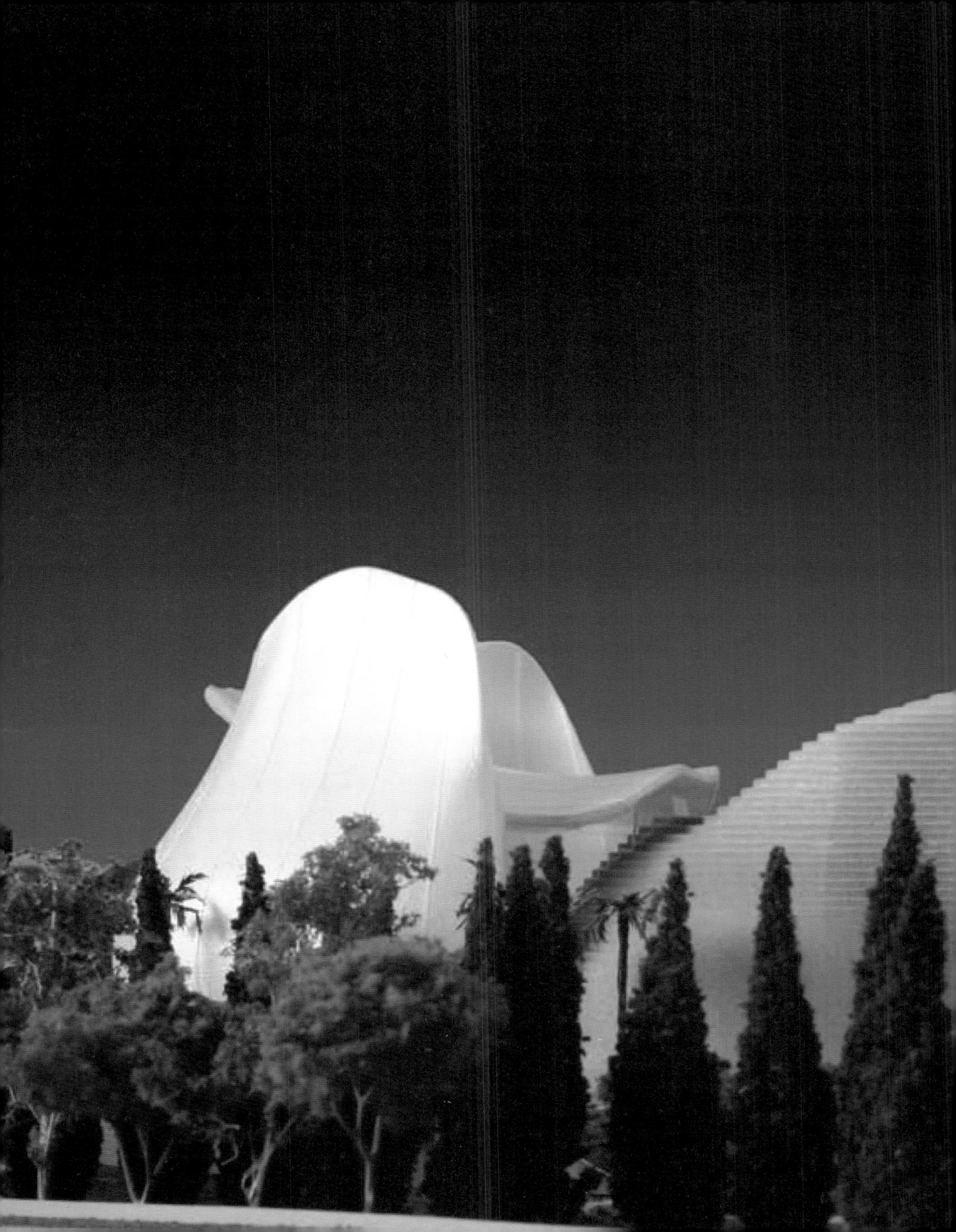

Rock Garden Campus

In a crowded city

A green park

Of quiet nature

An oasis

For learning

And being

岩石 · 花园 · 校区

拥挤的城市里

有一个绿意盎然的花园

缘自平静的自然

这是一个绿洲

一个有益学习

和生长的绿洲

קמפוס גן הסלעים

בעיר דחוסה

גן ירוק

של טבע שקט

נאת מדבר

ללמוד

להיות

Academic Campus of Ashdod
Ashdod, Israel 2004-2015

The winner of an urban design competition is revolutionary and innovative in Israel and worldwide. For the architects, the most important consideration was to bring back nature to the city and to the children of the 21st century. The new campus is designed to convey peace, respect, tranquility, and harmony in the dense and noisy modern city. The design process stemmed from a deep search for a new architectural language more sensitive to humankind and nature, which integrates with nature in place of stifling concrete boxes.
The urban and architectural vision is that of a welcoming park situated at the entrance of the city, which conveys openness and natural tranquility for study and socializing. The heart of the campus is a green space open to the skies, incorporating hills, a lake and pedestrian and bicycle paths. The new architectural language incorporates new tectonic fonts through abstract forms, resembling a rock garden in nature. Using current technologies for design and construction, buildings can be built to relate to our bodies and to our surroundings in an original urban order. These building forms relate to each other in a soft conversational way, creating new urban spaces between them for human interactions.

阿什杜德教学园区
以色列，阿什杜德，2004–2015

这项建筑项目赢得了城市设计大赛奖项，在以色列和世界各地都具有革命性和创新性的影响。对于建筑师来说，最重要的考量是要把大自然重新带回城市，交还到居住在21世纪的孩子们的手中。在人口密集和嘈杂的现代城市里，新的校园给人们带来了和平、尊重、安详以及和谐的体验。设计过程源自对于一门全新建筑语言的深刻探索，这一语言尊重人类和大自然，有机融合了大自然的要素。全新的建筑替代了令人窒息的钢筋水泥建筑，使人耳目一新。
从城市规划和建筑的角度看，校园就是一个具有开放胸怀的公园，站立在城市的入口，为学习和社会交往提供了一个敞开、自然、平静的场所。校园的心脏是一片露天的绿地，有着山岭、湖水、人行道和自行车道。建筑师使用了新的建筑语言，借助抽象的形状来表达新的建筑风格，人们眼前出现了一座大自然怀抱中的岩石花园。同时，通过运用新的设计和建造技术，建筑群把人和周边环境按原本的城市秩序有机地结合在一起。这样的建筑形式体现了柔和的对话，在建筑之间营造了有利人们互动的全新城市空间。

הקמפוס האקדמי באשדוד
אשדוד, ישראל 2004-2015

זוכה בתחרות האורבאנית, הפרויקט הוא מהפכני וחדשני בישראל ובעולם כולו. בראש מעייני האדריכלים הייתה החזרת הטבע לעיר ולילדי העתיד של מאה ה-21, עבורם תוכנן קמפוס עתידי עם מסר של אהבה, שקט נפשי, שיתוף וכבוד הדדי בעיר העמוסה והרעשנית המודרנית. תהליך התכנון נבע מחיפוש אחר שפה אדריכלית חדשה רגישה יותר לאדם ולטבע, שפה המשתלבת בטבע ומהווה תחליף לקופסאות הבטון והאבן המחניקות.
החזון האורבאני והאדריכלי מגלה פארק ירוק בכניסה אל העיר, המעניק פתיחות ואוירה רגועה של שקט ולימודים בחיק הטבע. בלב הקמפוס כר דשא פתוח לשמים המשלב גבעות ירוקות, אגם ושבילים להולכי רגל ורוכבי אופניים. השפה אדריכלית חדשה משלבת פונטים חדשים אשר מביעים צורות טקטוניות ראשוניות, בדומה לגן סלעים שקט בחיק הטבע. באמצעות טכנולוגיות תכנון, יצור ובנייה חדשות יבנו מבנים אקולוגיים מחומרים טבעיים ומלאכותיים המשדרים רכות צורנית המתאימה לאדם, לגופו ולטבע הסובב אותו. צורות מבניות אלה מתייחסות אחת לרעותה כמו דו-שיח שקט ויוצרות חללים אורבאניים חדשים ביניהם למפגשים אנושיים.

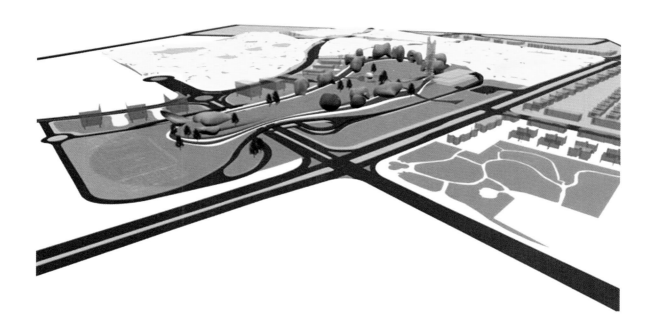

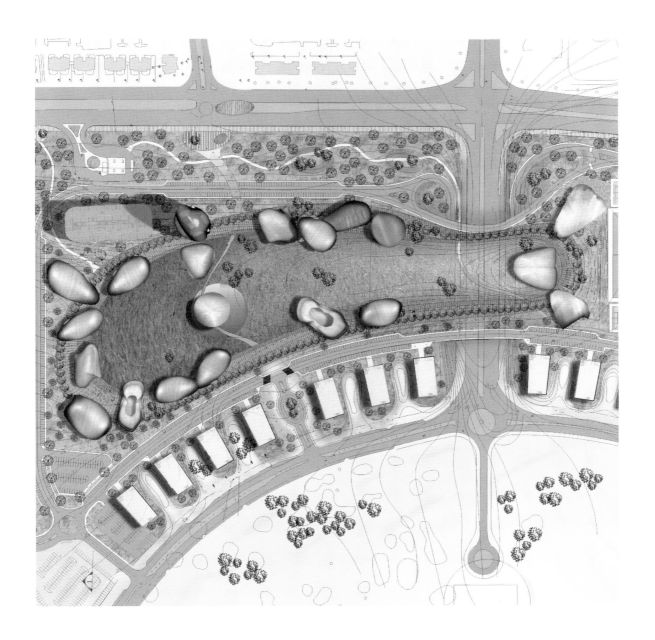

Stone

On a hill

In a green garden

Mass protecting

Space

In Quietude

石

小山上

花园郁郁葱葱

巨大的山石

护佑着

静谧的空间

אבן

על גבעה

בגן ירוק

מאסה מגנה

חלל

של שקט

Electrical Engineering Building
Ashdod Academic Campus, Israel

This new building, the first to be built in the campus, is revolutionary and futuristic in Israel in terms of construction techniques, materials, forms and climatic control. It is a 7,500-square-meter building with eight floors consisting of classrooms, laboratories, a library, a cafeteria, an auditorium, administration offices, a central atrium and public spaces. Sustainable, ecological principles are assimilated into the educational building which will significantly decrease ecological damage and energy consumption. They incorporate climatic positioning of the structure, solar radiation protection, natural lighting and natural ventilation, thermal insulation combined with thermal mass, recycled building materials, water conservation and waste solutions. The structural skeleton is reinforced concrete and the building envelope is made of economical spray-on concrete covered with rough natural stone, to withstand local climatic conditions with no maintenance required.

电气工程大厦
以色列，阿什杜德教学区

这一全新的建筑是校园里第一幢建筑。在建造工艺、材料、外形和温度控制等方面，该大厦是以色列具有革命性和前瞻性的建筑。大厦占地7,500平方米，高八层，功能涵盖教室、实验室、图书馆、咖啡厅、礼堂、行政办公室、中庭以及公共活动场所。
大厦运用了可持续、生态的原则，极大程度上降低了对生态环境的破坏，并达到了节能的目的。建筑融合了结构气候定位、太阳辐射保护、自然光照、自然通风、隔热技术和隔热物质的结合运用、循环建筑材料、节水和废物处理等各种功能。建筑结构采用增强型混凝土建造，建筑外层则采用经济的喷洒混凝土方法，覆以粗犷的天然石材，这样的建筑能够适应当地的各种气候条件，并且不需要维护。

בניין הפקולטה להנדסת חשמל
הקמפוס האקדמי באשדוד, ישראל

הבניין החדש הראשון הנבנה בקמפוס הוא מבנה מהפכני ועתידני בישראל בהתייחסותו לטכנולוגיות הבניה, לחומרים, לצורת המבנים ולבקרת האקלים. הבניין בן שמונה הקומות מכיל 7,500 מטר רבוע הכוללים מעבדות, כיתות, ספרייה, קפיטריה, אודיטוריום, חלל אטריום מרכזי, משרדי סגל, חלל מרכזי וחללים ציבוריים. בבניין יושמו עקרונות הבנייה האקולוגית כהעמדת המבנה, תאורה טבעית, אוורור טבעי, בידוד תרמי ובנייה אנרגטית לחסכון באנרגיה ומחזור מים ואשפה. שלד הבניין הוא בטון מזוין ומעטפת הבניין נבנית באמצעות התזת בטון זולה מחופה אבן טבעית מחוספסת, העמידה בתנאי האקלים המקומיים ואינה דורשת תחזוקה.

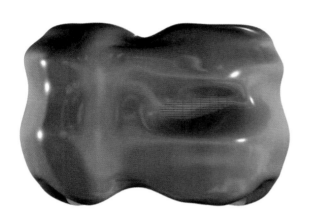
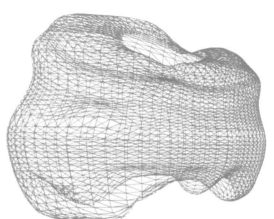
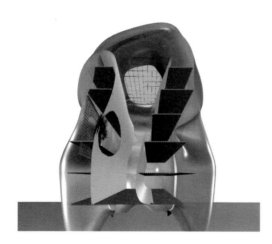
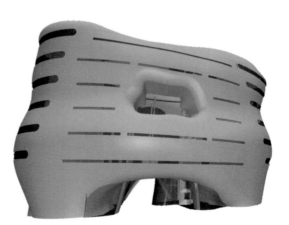

c1
c2
c3
c4
c5
c6
c7
c8
c9
c10
c11
c12
c13
c14
c15
c16
c17
c18
c19
c20
c21
c22
c23
c24
c25
c26
c27
c28
0.0.0

c1
c2
c3
c4
c5
c6
c7
c8
c9
c10
c11
c12
c13
c14
c15
c16
c17
c18
c19
c20
c21
c22
c23
c24
c25
c26
c27
c28

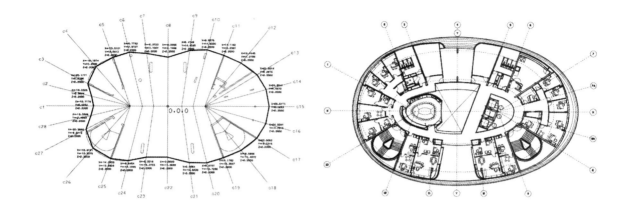

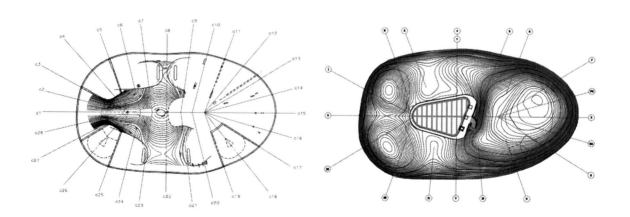

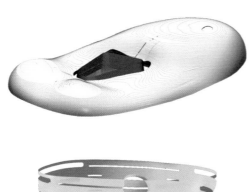

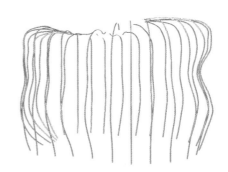

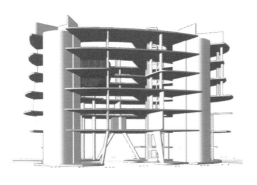

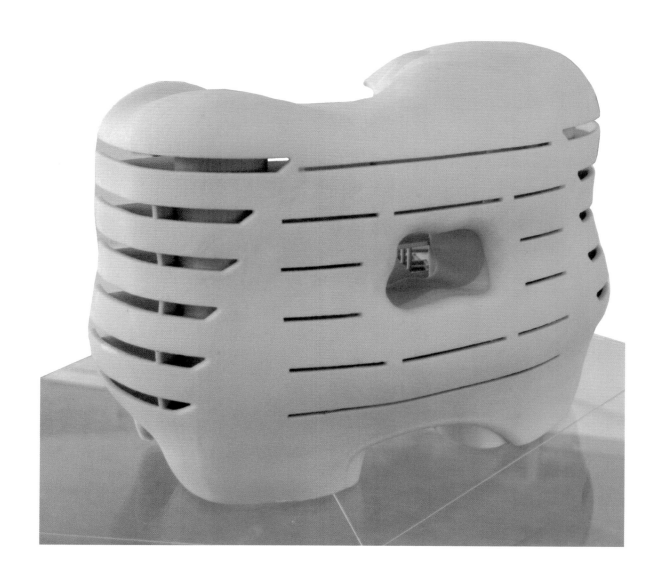

mania

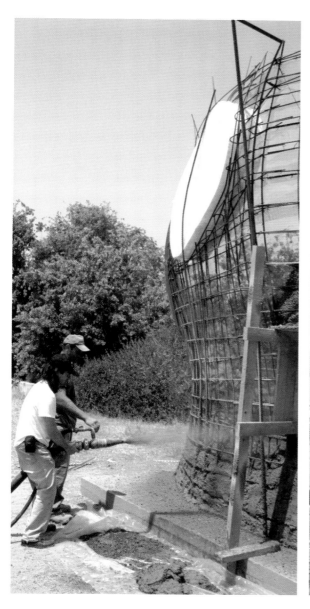

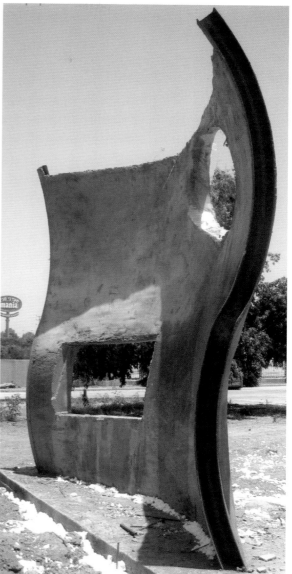

Shells of Music

Infinite waves

Shells of deep sea

Music of the mind

Pearl of repose

音乐的外壳

翻滚的波浪

深海的贝壳

思维的律动

祥静的明珠

צדפות של מוסיקה

גלים אין סוף

צדפות של ים עמוק

מוסיקה של הנפש

פנינה של שלווה

Ashdod Performing Arts Center
Ashdod, Israel 2003-2010

Ashdod is a young and modern city which has developed rapidly in the past twenty years. The city is built between the Mediterranean Sea and historical sand dunes. The architectural challenge was to give the city inhabitants an innovative building and an architectural experience which lifts them from the daily routine, in contrast to the hundreds of residential concrete boxes which stifle the city.

The new 6,500-square-meter concert hall symbolizes dynamics and fluidity like the musical sounds and dancing movements which it serves. The form of the building is reminiscent of two sea shells or two waves joined together, and symbolizes the integration of the performing hall and the stage. These forms are drawn from the local Ashdod landscape of the sea and the beach, and from the human openness of the residents. They portray a message of daring and courage to the children of the city. Sculptural in its shape, the building integrates with the many artistic sculptures in the city, which the Ashdod is famous for.

阿什杜德演艺中心
以色列，阿什杜德，2003–2010

阿什杜德是个年轻的现代化城市，在过去的二十年里得到了迅速的发展。阿什杜德市建造在地中海和历史悠久的沙丘之间。演艺中心项目的建造旨在使城市的居民暂时摆脱每日的繁杂和千篇一律的盒型钢筋水泥建筑，来享受一次创新型建筑之旅。

占地6,500平方米的新音乐厅表达了音乐的韵律和舞步的流动。建筑的外形使人联想到两个贝壳或两股浪花相互环抱，体现了演艺大厅和舞台的完美结合。这些外形的灵感来自于阿什杜德大海和沙滩的景色，以及该市居民开放的胸怀。演艺中心也向孩子们传递了胆量和勇气的信号。拥有雕塑般外形的演艺中心同阿什杜德市引以为豪的众多艺术性城市雕塑相映生辉。

משכן אומנויות הבמה באשדוד
אשדוד, ישראל 2010–2003

העיר אשדוד היא עיר צעירה ומודרנית אשר התפתחה בקצב מסחרר בעשרים השנים האחרונות. העיר בנויה בין הים התיכון ודיונות חול היסטוריות. האתגר האדריכלי הוא להעניק לעיר ולתושביה בניין חדשני וחוויה ארכיטקטונית אשר תרומם אותם מחיי היום האפרוריים, כניגוד למאות קופסאות הבטון והאבן אשר חונקות את העיר.

היכל הקונצרטים החדש בן 6,500 מטר רבוע, מסמל דינמיות ותנועה בדומה לצלילי מוסיקה ולתנועות המחול אותן הוא משרת. צורת הבניין מזכירה שתי צדפות או שני גלים המחוברים יחדיו ומסמלים את השילוב של אולם המופעים ובמת התיאטרון. צורות אלה שאובות מן הנוף האשדודי המקומי של הים, החוף והפתיחות האנושית של התושבים. הן מביעות תנועה ודינמיות ומשדרות מסר של העזה, פריצה ואומץ לילדי העיר. הבניין פיסולי, אורגני בצורתו ומשתלב באומנות הפיסול אשר מפותחת באשדוד.

Homes of Light

Between water and sky

Earth and mountains

A window

To magical views

明亮的家园

在流水和天空

大地和山岭之间

推开一扇窗

美景印入眼帘

בתים של אור

בין מים ושמים

אדמה והרים

חלון

לנופים קסומים

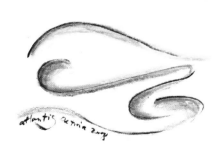

Atlantis
Luxury homes, Eilat, Israel, 2008-2010

The Atlantis project is a daring architectural innovation for Eilat City and Israel. The project integrates the natural history of the region and the technological future we live in. The design challenge is to uncover the soul of the exquisite landscape located between the Gulf of Eilat and the Edom Mountains. This search involved studying the desert history of Faran River and the Timna mountains. Nature has no styles, but instead an indescribable beauty. In the nature of this area, we find amorphous forms and round openings in the rocks, carved by the winds and water.
The project consists of 24 luxury apartments on the hillside. It expresses movement through its dynamic structures, and the spaces between them. It incorporates flowing forms, breaking away from the standard residential boxes. Curved wall openings softly frame the beautiful desert and sea views.

亚特兰蒂斯
以色列，埃拉特，豪华住宅，2008-2010

亚特兰蒂斯项目对埃拉特市乃至以色列来说，都是一个大胆的建筑创新。该项目综合体现了该地区的自然史和未来科技时代的人类生活。项目设计的挑战在于要挖掘出埃拉特湾和艾多姆山美妙景色的灵魂。建筑师为此研究了法兰河和提姆纳山脉地带的沙漠发展史。大自然美于无形，美得不可名状。在这一地区的自然风貌中，我们发现岩石经过风化和水流的雕琢，呈现出多元的形状和圆形的孔洞。
该项目包含了山边的24栋豪华公寓。通过生动的结构和建筑之间的空间体现了建筑群的动感。建筑具有流动的外形，同常见的盒形住宅迥然不同。蜿蜒的墙壁柔和地为人们打开观赏美妙的沙漠和大海的视野。

אטלנטיס
מגורי יוקרה, אילת, ישראל 2010-2008

פרויקט אטלנטיס הוא עיצוב אדריכלי חדשני ונועז בנוף המקומי באילת ובישראל. הפרויקט הינו שילוב של היסטורות המקום והעתיד הטכנולוגי בו אנו חיים. האתגר העיצובי משורש בחיפוש אחר נשמת המקום הקסום שבין מפרץ אילת והרי אדום. תהליך החיפוש כלל לימוד ההיסטוריה הטבעית של המקום באזורי מדבר נחל פארן והרי תמנע. בטבע אין סגנונות אלא יופי בלתי יתואר. בטבע קיימות צורות אמורפיות ופתחים מעוגלים בסלעים הנוצרים מהרוחות והמים.
הפרויקט כולל 24 יחידות דיור יוקרתיות על צלע ההר. הוא מביע תנועה באמצעות המבנים הדינמיים והחללים ביניהם, תוך שילוב קוים מעוגלים חורמים ובניגוד לבניית קופסאות האחסנה הסטנדרטיות למגורים. מסגרות מעוגלות של פתחי הבניינים תוחמות את הנוף המרהיב ברכות.

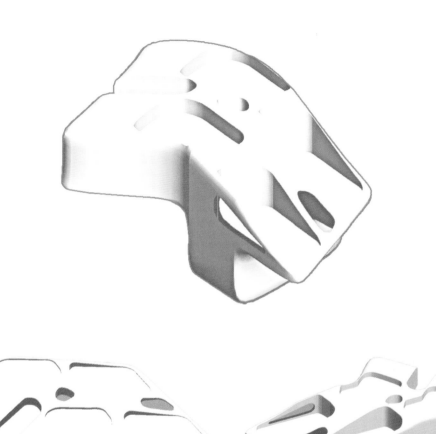

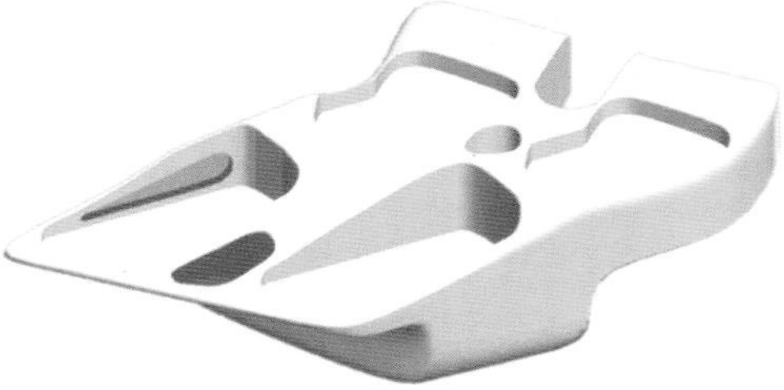

Dynamic Housing

In massive neighborhoods

Of future cities

Buildings

Gesture

To each other

With respect

生动的建筑

在未来

巨大的社区里

建筑间

相互对话

传递出

尊重的信号

מגורים דינמיים

בשכונות מאסיביות

של ערי העתיד

בניינים

מחווים

אחד לרעהו

בכבוד

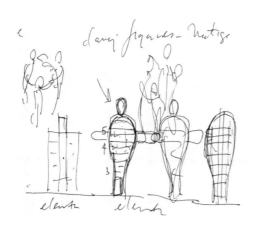

Dynamic Housing
Tel Aviv, Israel 2008

The new proposed urban design is intended for the construction of new high density residential neighborhoods worldwide. The architectural design places importance on simplicity and quietude in the noisy residential environments of world cities. The design goal is to create indistinctive and simple towers while emphasizing the relationship between the building and its neighbor. The project contains 1,200 high-density residential units. It is a simple design alternative to the typically thousands of repetitive residential boxes, standing one next to the other in an urban fabric devoid of any mutual attitude and vertical space interrelationships. The design uses basic simple geometrical forms creating dynamic vertical spaces between the towers through the use of shaded balconies open to the views. The project will be built with low construction costs due to highly industrialized fabrication methods teamed with a locally available workforce.

生动的建筑
以色列，特拉维夫，2008

这一崭新的城市设计迎合了世界各国建造新型高密度住宅区的需求。建筑设计的重点在于为喧闹的都市营造一种简单、平静的氛围。大厦的风格虽然低调、简约，但设计强调了建筑和周边环境的和谐共处。这一建筑项目包含了1,200个高密度的住宅单元。传统的盒形住宅建筑通常忽略了建筑间的纽带和空间关系，因此显得千篇一律，这一简单的设计却使建筑间互相呼应。设计师使用了基本的几何线条，通过视野良好的阳台创造了建筑之间生动的垂直空间。这一项目将运用工业化程度较高的建筑方法，使用本地人力资源，因此具有成本较低的优势。

מגורים דינמיים
תל אביב, ישראל 2008

התכנון האורבאני החדש המוצע מיועד לבנייה של שכונות מגורים חדשות בצפיפות אוכלוסין גבוהה במדינות העולם. התכנון האדריכלי שם את הדגש על פשטות מבנית ושקט בסביבות החיים הרועשות והדחוסות של ערי העולם. מטרת התכנון היא ליצירת מגדלים אנונימיים ופשוטים תוך שימת דגש על יחסי הגומלין של בנין לשכנו. הפרויקט מכיל מכיל 1,200 יחידות דיור בצפיפות גבוהה. הוא ומהווה חלופה פשוטה לאלפי קופסאות המגורים החוזרות, העומדות אחת ליד השנייה במרקם העירוני והנופי ללא כל התייחסות ויחסי גומלין חללים ביניהן. בפרויקט נעשה שימוש בצורות גיאומטריות בסיסיות פשוטות היוצרות חללים אנכיים דינמיים בין מגדל לרעהו. המגדלים מקבלים דינמיות ויחסי גומלין באמצעות מרפסות הנפרשות אל הנוף ומצלות על הבניין. הפרויקט יוקם בעלויות בנייה נמוכות ובאמצעות תיעוש בנייה אינטנסיבי וכוח עבודה מקומי זול.

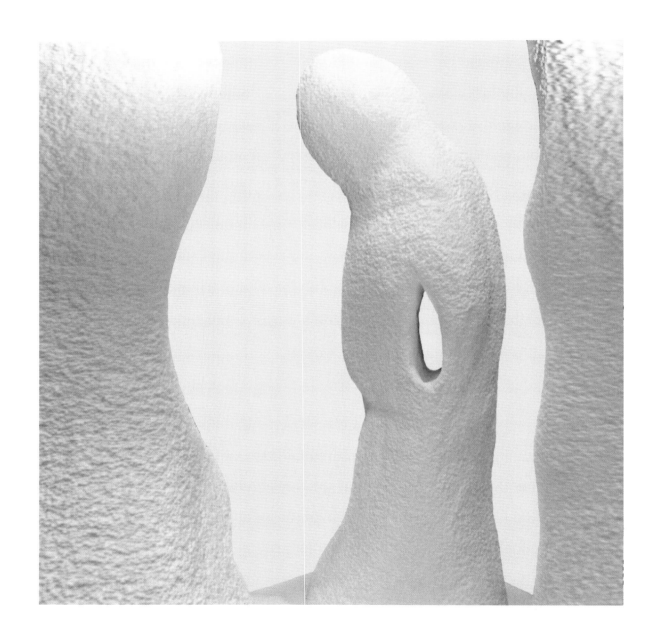

Conversing Environments

Spaces

Between

Forms

Relating

To each other

In conversation

对话的环境

建筑结构之间

遥相呼应

通过

空间

互相

对话

סביבות בדיאלוג

חללים

בין

צורות

מתייחסים

אחד אל רעהו

כבשיחה

Financial District Center
U.A.E. 2006

The goal of the owners is to create a global landmark, a new architecture for the 3rd Millennium. Situated between the sea and massive sand dunes on 280,000 square meters of land, the mixed-use project includes office, commercial, housing and hotels. Total buildable area is 1,000,000 square meters at a cost of approximately 1 billion USD.

The program calls for an innovative and inspirational design. The proposed architectural design incorporates new tectonic and abstract forms and the buildings relate to each other in a soft conversational way, creating new vertical urban spaces between them. They have different shapes, materials and design which allow each owner their own identity, while maintaining a dialog and relationship between them.

Rising out of the earth, are commercial podiums resembling topographical hills. On them, 12 towers of 20 to 65 floors are organized around a lake, facing the beautiful sea view. Low to mid to high rise, they evoke the silhouette of mountains. At the heart of the project are two iconic towers, designed with artist Rafi Peled. The two structures relate to one another and are intended to provide a feeling of humanity and quiet fluidity.

金融区中心
阿联酋，2006

所有者旨在打造一个全球性的地标，面向第三个千年的建筑。这一建筑群坐落在大海和大面积沙丘之间，占地28万平方米。这一建筑项目功能丰富，涵盖了写字楼、商业、居住和酒店等多项用途。总建筑面积达到了100万平方米，总投入约10亿美金。

这一项目要求建筑师带来创新和灵感。设计方案将地表特征融入抽象线条，使得建筑之间柔和地对话，从而营造了垂直的城市建筑的灵动空间。建筑形状各异，材料和外形设计各具特色，既体现了不同所有者各自的风格，同时又相互呼应，达到了很好的整体效果。

地面上耸立起的商业性建筑体现了山脉这一地貌特征。12幢高楼沿着湖边错落有致地排开，分别高20至65层不等，朝向美丽的海景。建筑高度不一，使人联想到延绵起伏的群山。整个项目的中心是两幢标志性建筑，由渡堂海和艺术家拉斐・佩雷德共同设计。两幢建筑相互呼应，具有人性化的设计，给人以静静流淌的美感。

מרכז פיננסי מחוזי
איחוד האמירויות 2006

מטרת היזמים היא ליצור ציון-דרך עולמי, אדריכלות חדשה לקראת האלף השלישי. הפרויקט ממוקם בין הים ודיונות חול גדולות בשטח קרקע של 280,000 מטר רבוע, וכולל משרדים, מסחר, מגורים ומלונות. שטחי הבנייה הם כ- 1,000,000 מטר רבוע בתקציב של מיליארד דולר.

הפרוגראמה קראה לעיצוב חדשני ומעורר השראה. התכנון האדריכלי משלב צורות ומאסות אבסטרקטיות חדשות והבניינים מתייחסים אחד לרעהו כבשיחה שקטה, תוך יצירת חללים אורבאניים אנכיים חדשים ביניהם. המבנים הם בצורות, חומרים ועיצוב שונים המאפשרים לכל יזם זהות ייחודית תוך כדי קיום של דיאלוג ויחסי גומלין ביניהם.

מתוך האדמה מתרוממות במות הדומות לטופוגרפיה של גבעות. עליהן 12 מגדלים בני 20 עד 65 קומות המסודרים מסביב לאגם ופונים לנוף הים הקסום. המגדלים המתרוממים בגבהים שונים מוכרים צדודית של הר. בליבו של הפרויקט ממוקמים שני מגדלים אייקוניים, אשר תוכננו במשותף עם האומן רפי פלד. שני המגדלים מתייחסים אחד אל רעהו ומכוונים להעניק הרגשה של אנושיות חרימה שקטה.

"negative" spaces

Dream

To develop the highest technology

At the lowest construction costs

To create emotional

Functional architecture

Building

Advanced design and technology

In peripheral and forgotten cities

Where technology is low

Skilled construction workers unavailable

To transform these seemingly
lost cities

Into places of joy

Hope and pride

With new construction education
and culture

For the future of our children

A dream

To be fulfilled

梦想

着眼最新的科技

投入经济的成本

倾注真实的情感

建造实用的建筑

建筑里

融入先进的设计和技术

到城市边缘或

被遗忘的地方去

那里技术贫瘠

也少有能工巧匠

把那些似被遗忘的城市

改造成欢快的乐土

充满希望和尊严

为了孩子们的未来

推广新的建筑教育和文化

这是一个梦想

要去实现

חלום

כנגד עיני עומדת תמיד המטרה

לפתח

את טכנולוגית הבנייה הגבוהה ביותר

בעלויות הבנייה הנמוכות ביותר

לבנות

אדריכלות שימושית ורגשית

לבנות טכנולוגיות ובניינים חכמים

בפריפריות ובערים השכוחות

היכן שהטכנולוגיה נמוכה

כוח אדם מיומן אינו בנמצא

חלומי

להפוך ערים אבודות לכאורה אלה

למקומות של שמחה, כבוד ותקווה

לחנך לתרבות בנייה מתקדמת

למען עתיד ילדינו

חלום

להגשמה

China 1985

Travel Sketches & Art

1985年

在中国旅行时创作的艺术草图

Study of mountains
and Rocks

china
11/20/05

0600 a.m.
yangshuo, china

white cloud
out of mist
Valley appears.

yangshuo
11
20
china
05

late hour in a cold night
dark train station,
fluorescent lights madly flicker.

train whistle nearby,
cars packed with people and belongings.
cases, sacks, vegetables.
crowd pushes
twists in' hard — useless.
a human slot in' between cars —
train moves on —
seems like a beginning
of a nightmare — Dante's inferno.
sweaty bodies.
constant stench of toilets
twists your guts.
heavy clouds of cigarette smoke
burning eyes.

a headache seems to
break a scull to pieces.

closed eyes while standing up
on aching soles.
ear piercing music of steel
mad movements of metals.

a child scream behind,
an old woman snores.
bodies move back and forth
push, shove their way.

cigarette smoke rising
to bright ceiling lights.
sour eyes.
spitting —
in a useless trial to
clear throats of black poison.
eating —
dirt all around.
still standing up.
eyes stare
and a hand gesture.
a naked corner
piece of seat
by the alley.
try to sleep.
kill the long night long.

look around.
gaze in' wonder.

a filthy human cattle car.
fight in' corridor
a woman yell
red eyes poke in' glare
faces stare.

human inferno
get to recognize faces.
eyes, chins, mustaches.
an old wrinkled woman
in' the corner.
a tiny grandson
rubs the frozen windows —
stare at darkness.

bodies, limbs move around,
under seats.

a hot cup of tea.
smiles of sharing;
one knows each other.
feelings of belonging
to place and crowds.

by daybreak —
a strange peacefulness
fills body and mind.
• on a night train to chongqing.

23
11   on the Lijiang River
85   from yangshuo to Guilin

four bamboo trunks
connected together
to form
a river fishing boat.

water buffalo
crossing the water.

against the sun —
it become only a silhouette
of figure and basket
on the river
against the steep hills.

170

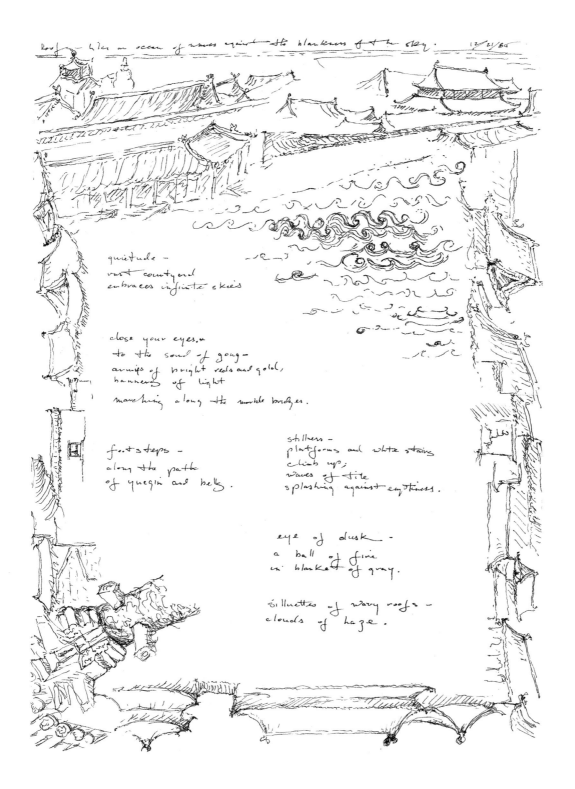

quietude –
vast courtyard
embraces infinite skies

close your eyes.
to the sound of gong –
armies of bright reds and gold,
banners of light
marching along the marble bridges.

footsteps –
along the path
of yueqin and bells.

stillness –
platforms and white stairs
climb up;
waves of tile
splashing against emptiness.

eye of dusk –
a ball of fire
in blanket of gray.

silhouettes of wavy roofs –
clouds of haze.

Wanxian. 11/30/85
a hill town, industrial, dirty looking city. built along the yangtze river. at first glance it does look like a stage-set for Fellini Movie. the most striking view is from the river towards the hundreds of steps leading up to the city from the river crowned between fortresses like walls of stone and mud.
water level
flood level of yangtze river
section @ yangtze river
feelings of industrial decay with incredible vitality of life inside the crowded streets. a feeling of being in a medieval town rather than in china.
port of wanxian.

Chongqing Renmin Hotel
Chongqing - China
hotel wing
concert hall
hotel wing
front elevation
stage
balcony
Balcony
garden
garden
soft edge
plaza
conceptual plan
gate

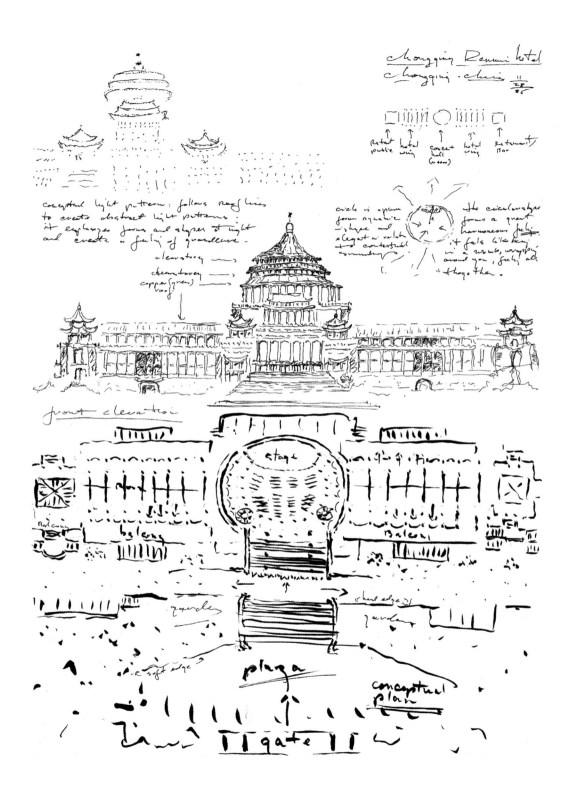

on the way
to yichang
on the yangtse
12
3
85.
storage at the
bottom portion of
the wall
pedestrian climb from
the river shore, about
500-600 steps high above
flood level
a hilltown approach from the
yangtse river.

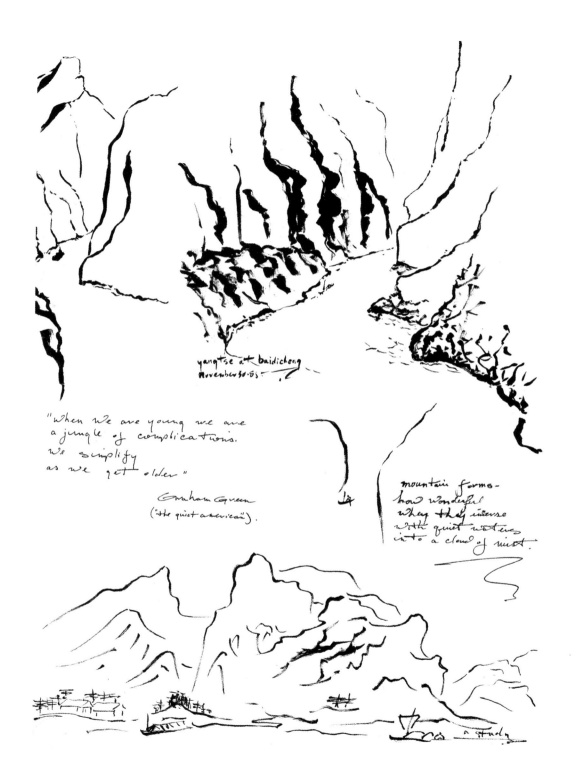

yangtse at baidicheng
November 30.85
"When we are young we are a jungle of complications. We simplify as we get older"
Graham Green
("the quiet american").
mountain forms -
how wonderful
when they immerse
with quiet waters
into a cloud of mist.
a study

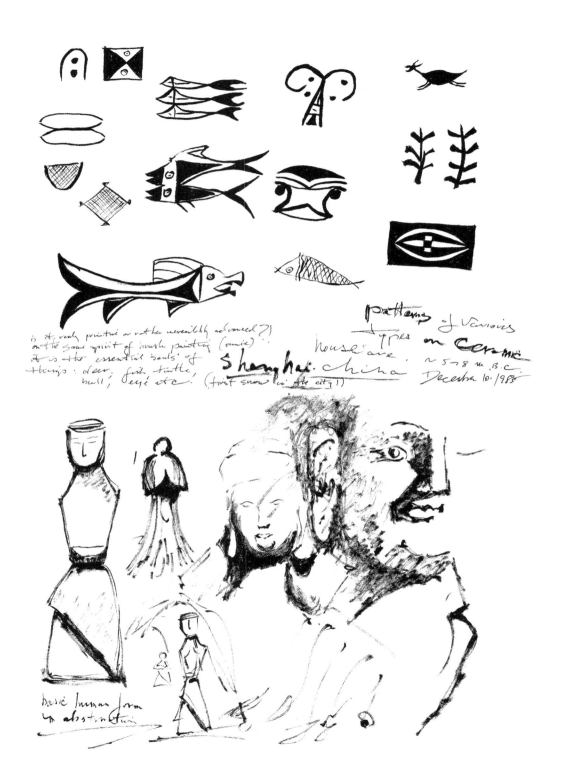

is it really primitive or rather irresistibly advanced ?)
on the same spirit of brush painting (sumie).
It is the essential souls of
things : deer, fish, turtle,
bull, eye etc. (first snow in the city!)

patterns of various
types on ceramic
house-ware.
Shanghai, china ~ 5~8 th B.C.
December 10. 1988

basic human form
in abstraction

176

12.15.88
rock formation study.

to express life.
original study sent to

BEAUTY -
just close
your eyes
and let
the clouds

like a mountain Range
along the Lijiang river
So are the rock gardens -
a miniature of nature.
the space in between
rings is an
imaginary cloud
the willow tree
tempts the playful wind
to come and comb
its gloomy hair
against the pure water.

Pavilion @ humble administrator garden.

waterside pavilion (stage) series of events along an axis.

Wangshi garden   ("plan")

back fountains and villas

" LOTUS ON FOUR SIDES
AND WILLOWS ON THREE.
HALF A POOL OF AUTUMN WATER
REFLECTS A HILL "

the wall is the house
the house is the wall
a courtyard
hugged by wall and house.

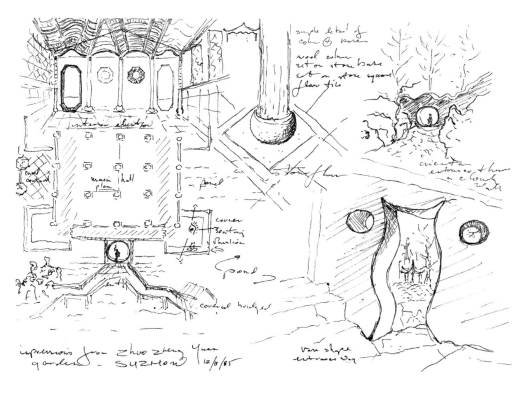

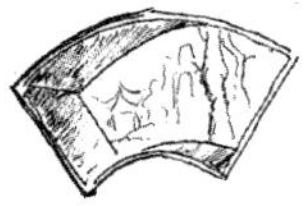

entrance way
impressions from Zhuo Zheng Yuan
garden - SUZHOU 12/18/85

a sequence of forms
openings and shapes
frame views and objects.
In asymmetrical way they
reveal a glimpse, a hint
or full panorama
of rocks, ponds, trees
pavilions, halls.
There is continuity of
explorations and discoveries
with light, shadows and
time.

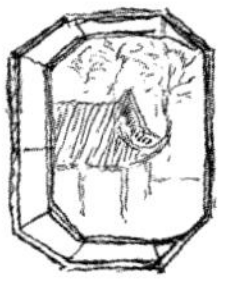

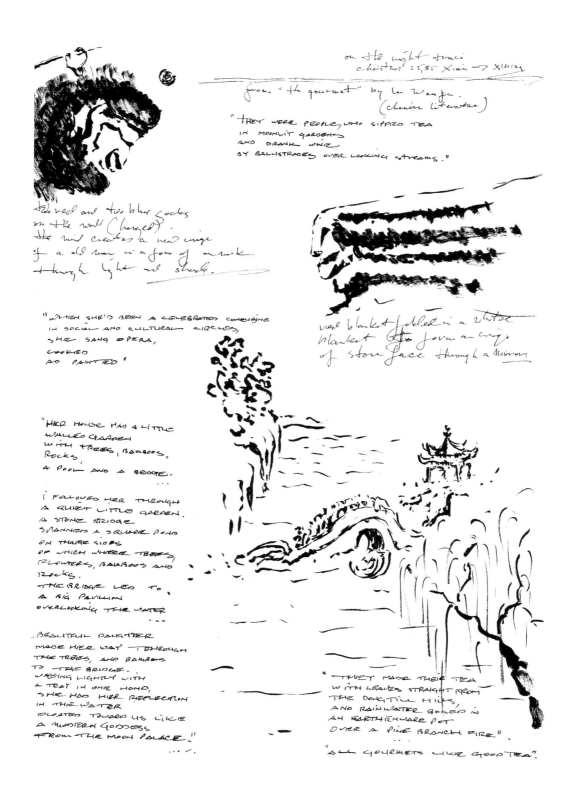

on the night train
christmas 25,85 Xian → Xining

from "the gourmet" by Lu Wenfu.
(chinese literature)

"THEY WERE PEOPLE, WHO SIPPED TEA
IN MOONLIT GARDENS
AND DRANK WINE
BY BALUSTRADES OVERLOOKING STREAMS."

two red and two blue cocks
on the wall (hanged).
the mind creates a new image
of a old man in a form of a rock
through light and shade.

red blanket folded in a white
blanket the form an image
of stone face through a mirror

"WHEN SHE'D BEEN A CELEBRATED CONCUBINE
IN SOCIAL AND CULTURAL CIRCLES,
SHE SANG OPERA,
COOKED
AND PAINTED"

"HER HOUSE HAD A LITTLE
WALLED GARDEN
WITH TREES, BAMBOOS,
ROCKS,
A POOL AND A BRIDGE.
...

I FOLLOWED HER THROUGH
A QUIET LITTLE GARDEN.
A STONE BRIDGE
SPANNED A SQUARE POND
ON THREE SIDES
OF WHICH WHERE TREES,
FLOWERS, BAMBOOS AND
ROCKS.
THE BRIDGE LED TO
A BIG PAVILLION
OVERLOOKING THE WATER
...

.BEAUTIFUL DAUGHTER
MADE HER WAY THROUGH
THE TREES, AND BAMBOOS
TO THE BRIDGE.
WALKING LIGHTLY WITH
A TRAY IN ONE HAND,
SHE HAD HER REFLECTION
IN THE WATER
FLOATED TOWARD US LIKE
A MODERN GODDESS
FROM THE MOON PALACE."
...·.

"THEY MADE THEIR TEA
WITH LEAVES STRAIGHT FROM
THE DONGTING HILLS,
AND RAINWATER BOILED IN
AN EARTHENWARE POT
OVER A PINE BRANCH FIRE"

"ALL GOURMETS LIKE GOOD TEA"

impressions of the
canals in Suzhou
14 December 1985

A BUSY CROSSING
OF A DEAFENING TRAFFIC HORNS
THE SOLITUDE
OF POLICEMAN 'FLYING' BOX.

COLD FINGERS IN WINTER DAY
TOUCH A KNOB OF
UNNOTICEABLE DOOR.

STEP IN.
THROUGH FOGGED GLASSES —
CROWDS OF FACES.

ROOM OF WORDS, LAUGHTER.
WALLS OF YELLOW,
SMOKE IN HIGH CEILINGS.

DARK OVERCOATS,
WHITE SHIRTS WITH BLACK,
AROUND GLASS TOPS OF
ROUND, SHAKY, WOOD TABLES.

THROUGH CLOUDS OF SMOKE —
A WAITOR, IN
WHITE STAINED JACKET
AND A MUG OF COFFEE.

THROUGH MISTY WINDOW.
WIND BLOWS IN NAKED BRANCHES.
LONELY LEAVES.

SPIDERWEB WIRES,
STREET CAR GOES BY.

ACROSS WAVES OF NOISE —
GROUP OF YOUNG FACES.
INTENSE CIGARETTE TALK.

PLACE OF REVOLUTION?

GIRL AMONG MEN.
THROUGH BLACK EYES —
PENETRATING STARES OF
CURIOSITY AND SMILE.

PLACE OF COFFEE AND TALK.
YET WHAT IS BEHIND
THIS SURFACE OF SMOKE?

Shanghai Coffee Shop
December 85.

181

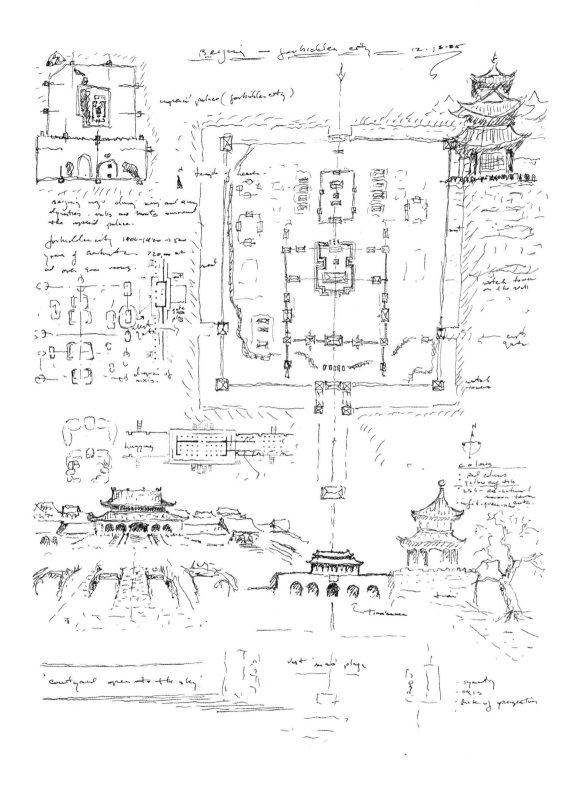

Beijing — forbidden city 12.15.85
imperial palace (forbidden city)
temple of heaven
the imperial palace.
moat
watch tower on the wall
exit gate
watch towers
diagram of axis
colours
red columns
yellow roof tile
Tiananmen
vast 'mao' plaza
'courtyard open to the sky'
symmetry
axis
lack of perspective

play of roof line and sky
mass and void.
terraces and earth.
perfect square opening to frame the view.
you build a hill
thus, you create

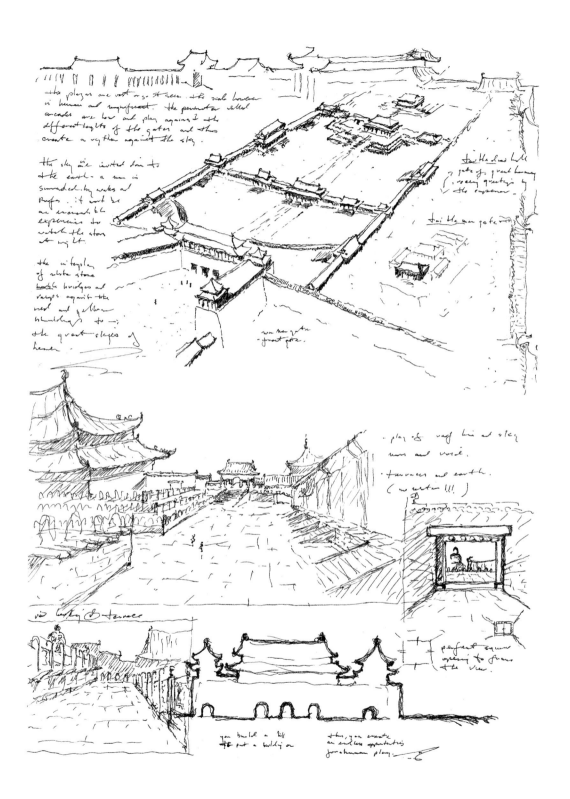

the wall is the house
house is wall
court and wall
the square
the circle
plan @ gate
public courtyard

the wall
steps
stairs
plan
cross section

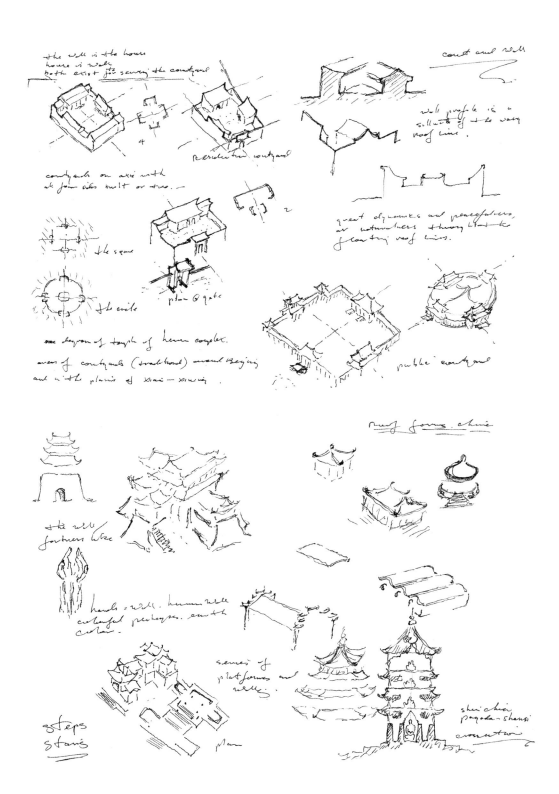

tian tan   passage through space.

temple and altar
of heaven . Beijing.

square fundamental
completed form of circle = harmony
and secure = founding.   earthly
                                 womb

· scale
· human
· frailty of a person

section

· circular
· three-tiered roof
· blue tiles
· rectangular enclosure

altar of heaven
← ~ 400 yards

altar of heaven
— nearly all of course.

altar

Altar of heaven

Hall of prayer for
good harvest

earth   architect!

↑ entry ↑

shelter of tablets
of heaven

(imperial vault of
heaven)

altar of heaven

Temple of heaven - plan
(1420, 1530, 1751)
Ming & Qing

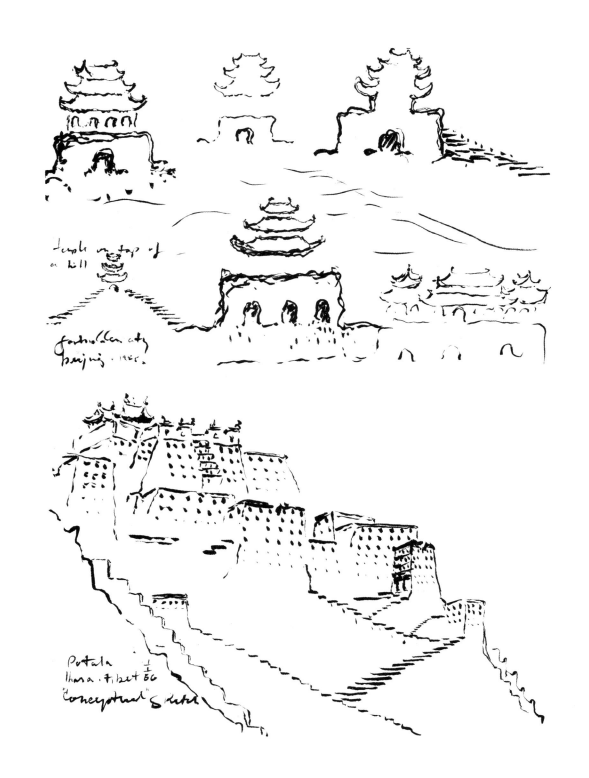

temple on top of
a hill

forbidden city
Beijing · 1985·

Potala
Lhasa · Tibet $\frac{1}{50}$
"Conceptual" Sketch

ॐ
·OM·MA·NI·BE·ME·HUN
+ Jewel in the heart of the Lotus -

OUT OF ROCKS -
FORMS OF STONE.
STORMS OF SNOW!
CARESS WHITE WALLS
AND FLOATING ROOFS
IN BRILLIANT SKIES.

POTALA PALACE.
TIBET. LHASA.

187

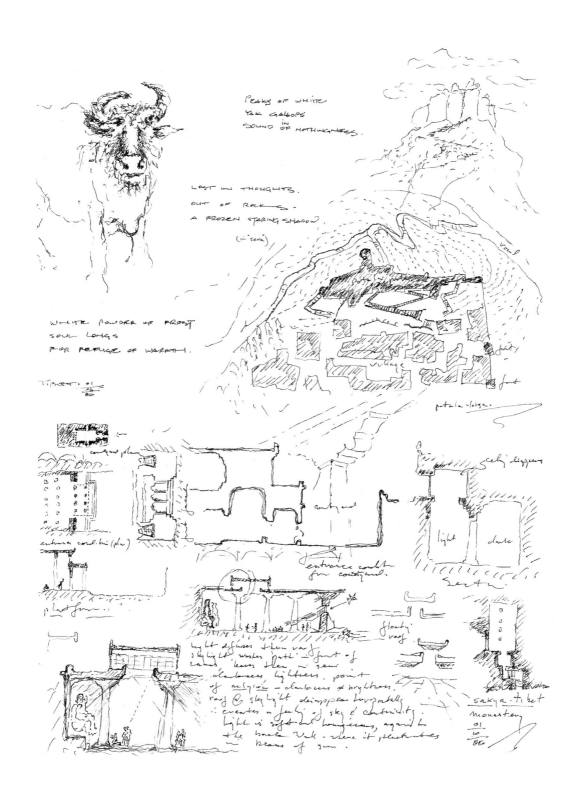

PEAKS OF WHITE
YAK GALLOPS
SOUND IN OF NOTHINGNESS.

LOST IN THOUGHTS.
OUT OF ROCKS.
A FROZEN STARING SHADOW.

(in "sera)

WHITE POWDER OF FROST
SOUL LONGS
FOR REFUGE OF WARMTH.

TIBET. #1
86
86

potala - approach from side (view)
(lhasa tibet)
forms emerge of earth and rock
into the night blue sky.

Potala - rear view with
lhasa rocks platforms and walls
tibet

potala
lhasa-tibet '66

Potala
lhasa, Tibet '06

china
12·85

mountains in southern China
December 8. 1985

great wall of
china - 12, 1985

great Wall
china 12·85

yangtse river II
at
baidicheng. 30
. china . 85

forbidden city · Beijing · china · 12, 1985

ancient Noh —
mysterious heaviness,
wailing wolves -
frozen Ma .
09
29
85

12·1985
Shanghai.

200

202

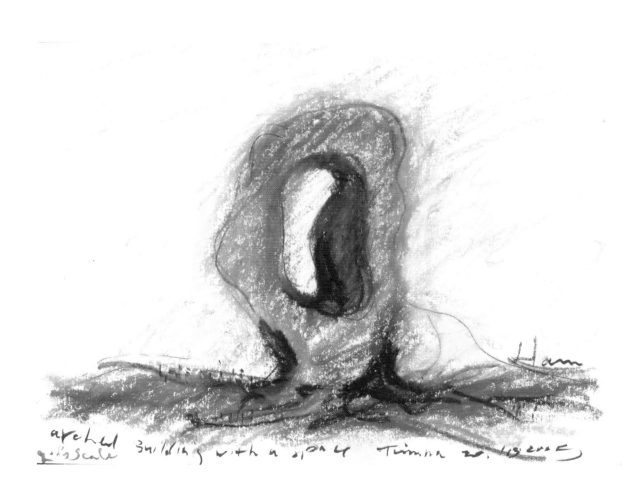

arched
god's scale
building with a space
Timna

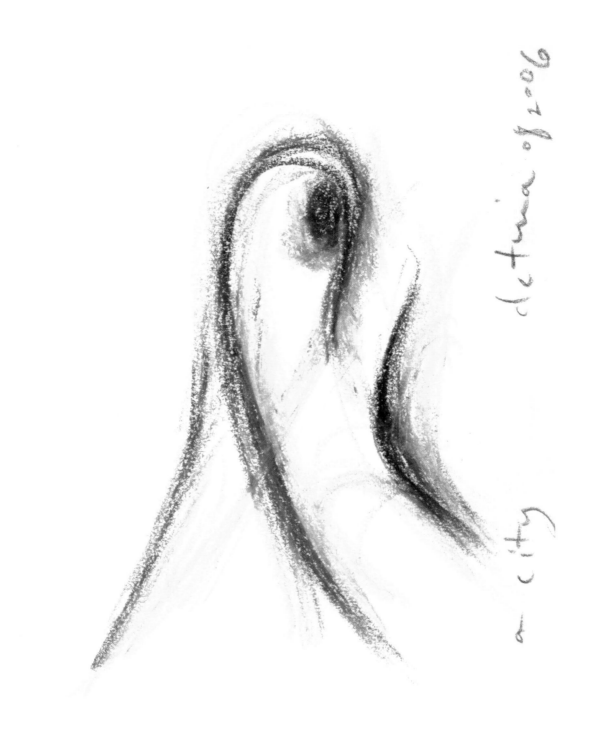

a city
08/2006

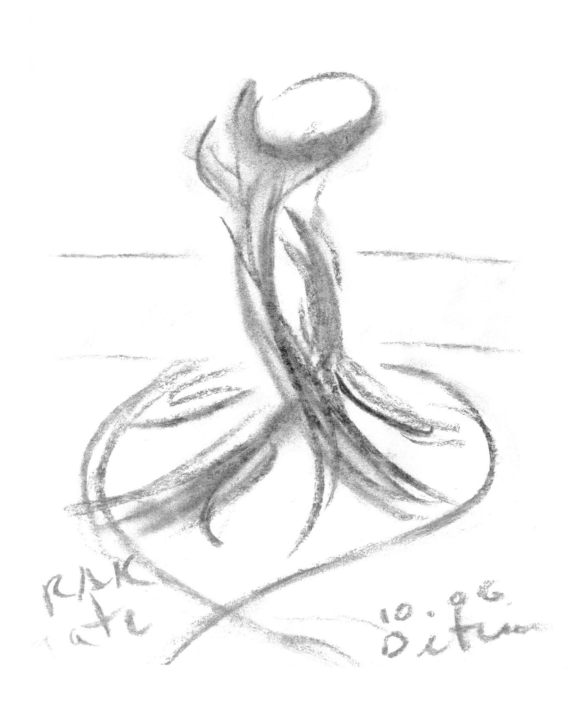

205

cathedral in Prague

04
02
2012

PRAGUE
04.02.2002

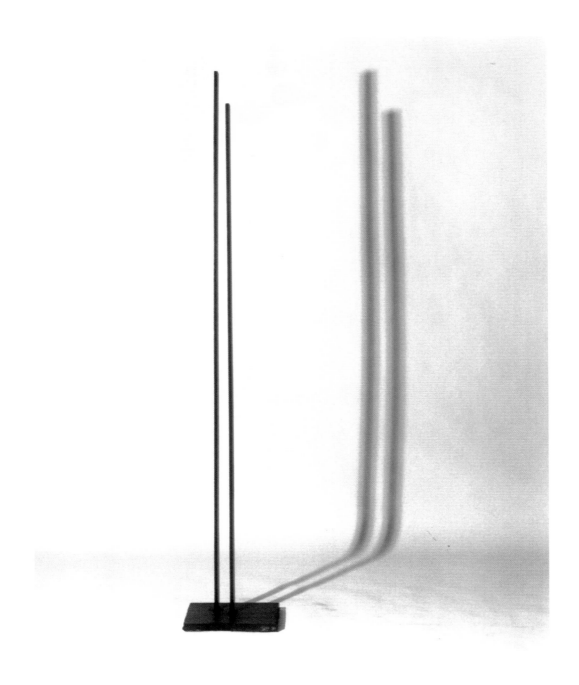

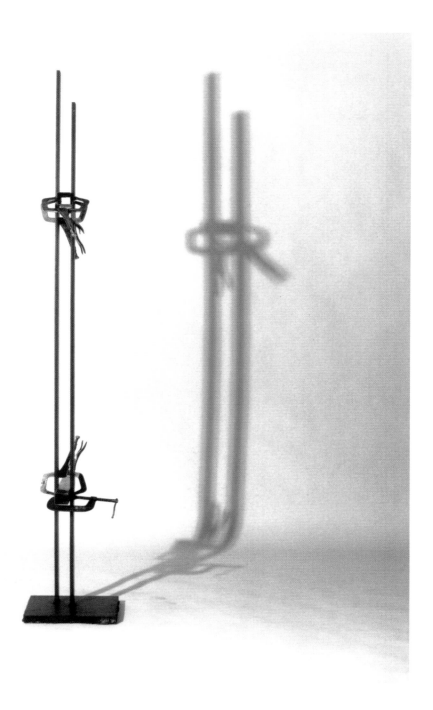

Self Portrait in W.C 02/02/02

诗
建
筑
·
贰

雨后

湖畔小诗

AFTER THE RAIN

LAKE POETRY

לאחר הגשם

שירים של אגם

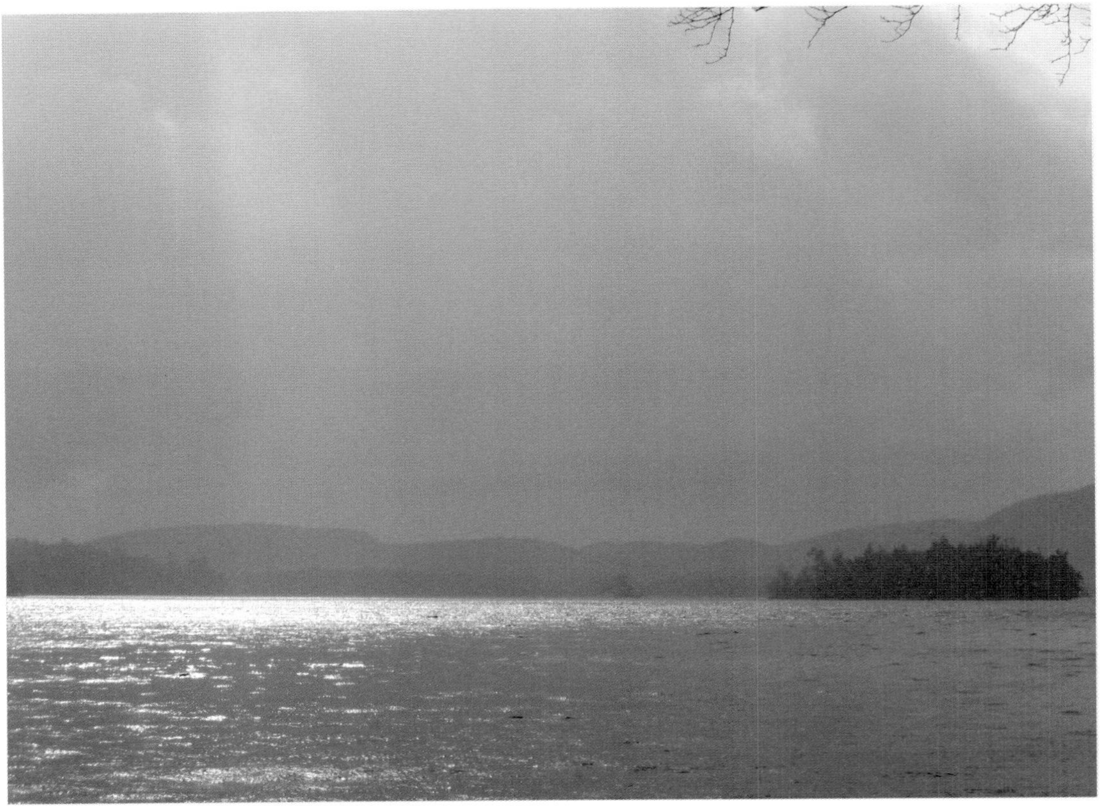

To Lisa

Who opened my eyes
To inner beauty

•

献给丽莎

她让我睁开眼睛
看到内在的美

•

לליסה

שפתחה את עיני
ליופי פנימי

After the rain
Light reveals

Inner soul of old wood

·

雨后
光展示出

老木材的内心灵魂

·

לאחר הגשם

אור חושף
נשמה פנימית של עץ קדום

08:42
Friday

After the night rain
Spider web
Woven diamonds of water drops

·

一夜雨后
钻石般的小水珠
织出蜘蛛网

·

לאחר ליל הגשם
קורי עכביש
יהלומים שזורים של טיפות מים

08:50
Friday

Out of lushness of green
Red cardinal is flying
Delight to my eye

•

一片郁郁葱葱中
红雀正飞起
赏心悦目

•

מתוך שפע של ירוק
מעוף קרדינל אדום
מענג את עיני

09:01
Friday

After the rain
Priceless diamond drops
Crown the pine tree

•

雨后
无价钻石纷纷滴落
为松树佩上皇冠

•

לאחר הגשם
טיפות יהלומים יקרות
מכתירות את עץ האורן

09:02
Friday

After the rain
Crystal water diamonds
Nest in the spider web

•

雨后
晶莹的水钻石
半隐半现在蜘蛛网中

•

לאחר הגשם
יהלומים של בדולח
מקננים בקן העכביש

09:05
Friday

Bare soles on morning grass

Soft globules of dew
Tickle my very soul

·

赤脚踩上清晨草叶

一粒粒轻柔露珠
挠着我的灵魂

·

כפות רגליים ערומות על דשא של שחר

נטפי הטל
מדגדגים את עומק נשמתי

06:42
Saturday

Whistle of morning cricket

Background music
To melodies of the warbler

·

清晨蟋蟀鸣叫

为婉转啼鸟的乐曲
呈现背景旋律

·

שריקת בקר של צרצר

מוסיקת רקע
ללחנים של הסיבכי

06:44
Saturday

I close my eyes
Forest conducts a symphony
Of newborn day

·

我闭上眼睛
树林指挥
新生一天的交响乐

·

עוצם את עיני
היער מנצח על סימפוניה
של הולדת יום חדש

06:46
Saturday

Deep in lake

Needle water plants
Waving hello

·

湖深处

尖尖的水草
挥手打起了招呼

·

עמוק בתוך אגם

סיכות צמחי מים
מנופפים לשלום

07:10
Sunday

233

Silence

Lyrics of paddle
Vibrating tunes

•

寂静

桨之荡漾旋律
阵阵抒情

•

דממה

לחנים של משוט
צלילים מרטיטים

07:13
Sunday

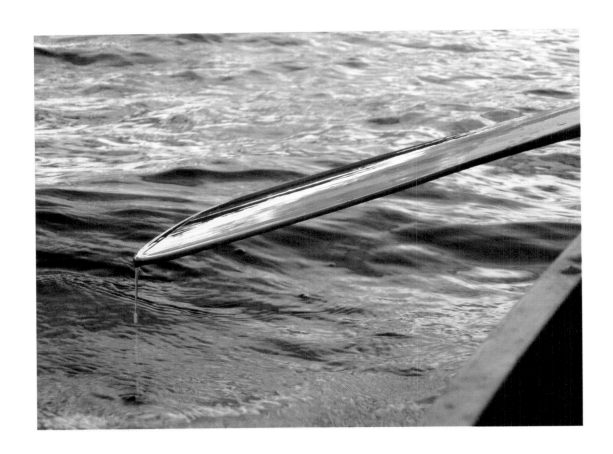

On the lake
Paddle is my pencil
Water — my paper

·

在湖上
桨是我的笔
湖水——我的纸张

·

על האגם
משוט הוא עפרוני
מים – הנייר שלי

07:16
Sunday

I see you from afar
Waiting for me
My pine tree

·

从远处看你
我的松树
等着我

·

רואה אותך מרחוק
מחכה לי
עץ האורן שלי

07:23
Sunday

Tiny water bugs

Flying ballet dancers
To melodies of morning waves

·

小水虫子

随清晨波浪的旋律
翩翩的芭蕾舞者

·

חרקי מים זעירים

רקדני באלט מעופפים
לנעימות גלים של בוקר

07:27
Sunday

In midst of mists
Drifting in calmness
Into nothingness

•

雾茫茫
万籁俱寂
漂入一无所有

•

בתוך ערפילים
נסחף בשלווה
אל תוך אינות

07:30
Sunday

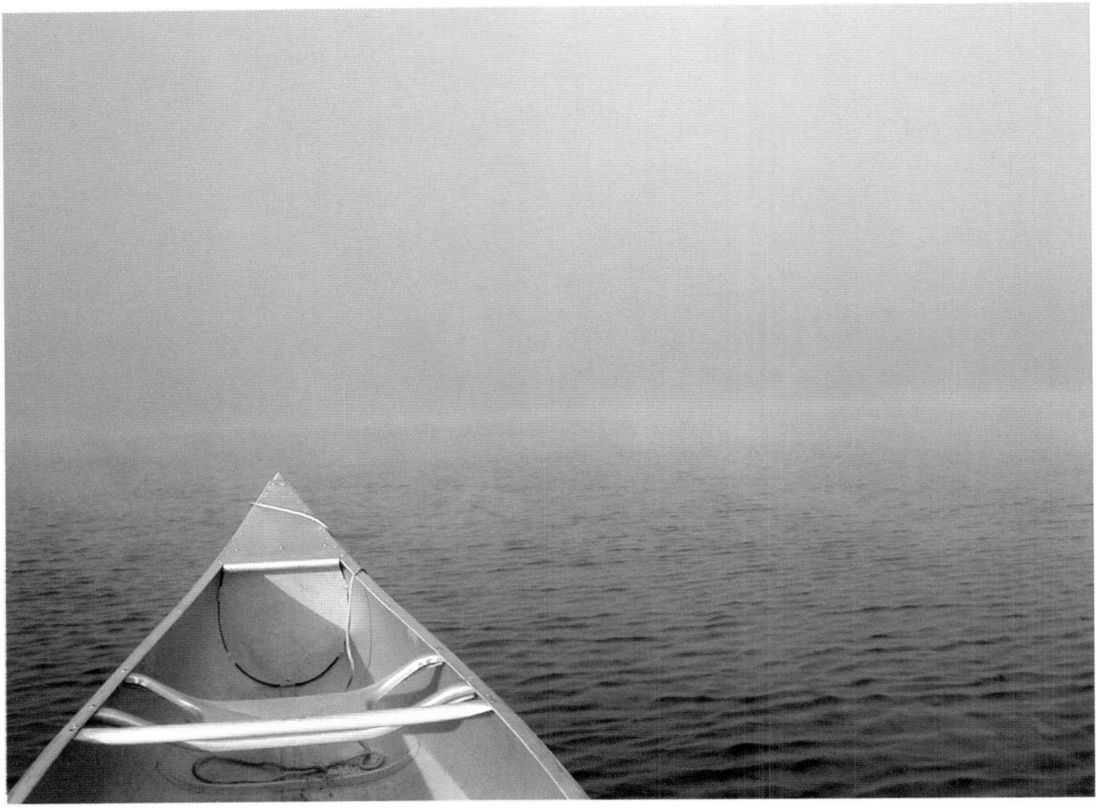

Alone on canoe
I conquer fear

To marvel life

·

只身在独木舟中
我征服恐惧

对生活充满惊讶

·

לבד על בוצית
כובש את הפחד

להתפעם מהחיים

07:32
Sunday

Soft cotton of white
Gently sailing
In early dawn skies

•

柔软棉花似的白
慢慢地航行
在破晓的天空下

•

צמר גפן רך של לבן
בעדינות שטים
בשמי שחר מוקדמים

07:38
Sunday

Birch tree
Softly bandaged with
Rings of pure white

·

桦树
用一圈圈洁白
把自己轻裹

·

עץ הלבנה
חבוש בעדינות
טבעות של לבן טהור

07:55
Sunday

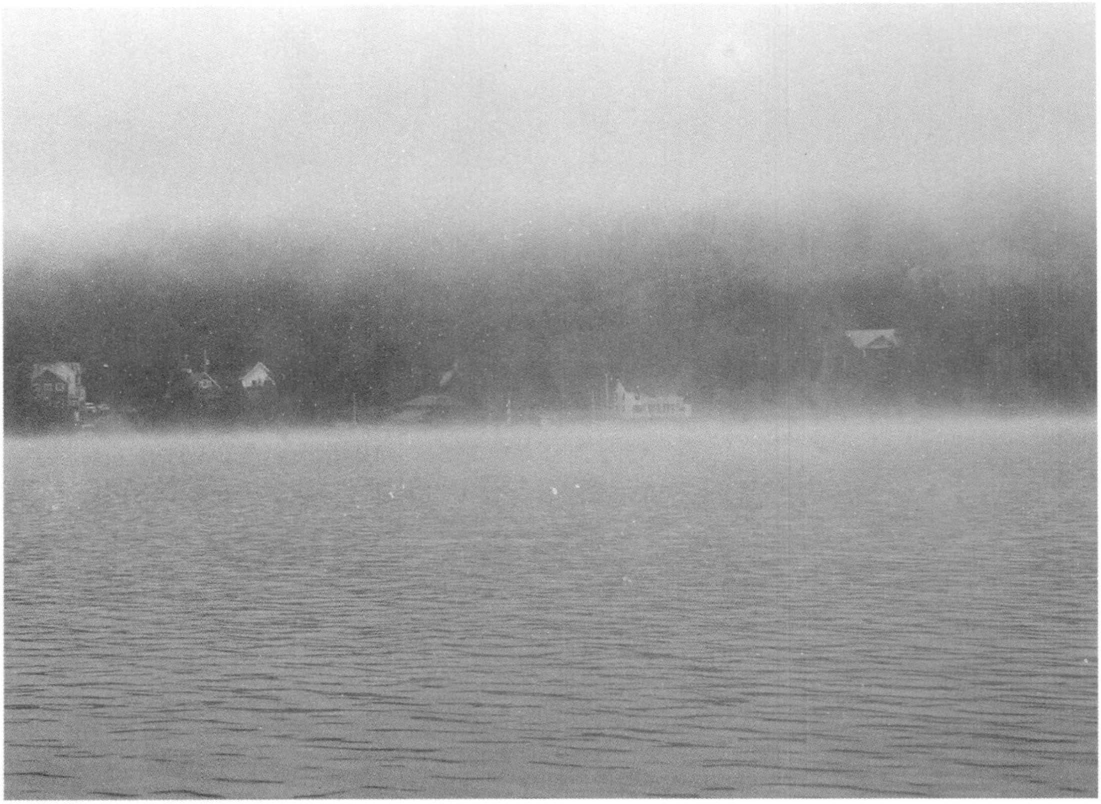

Shrouding fog

Village is sleeping
In blankets of white quietude

•

大雾笼罩

在洁白宁静的毯子中
村庄沉睡

•

תכריכים של ערפל

הכפר נם
בשמיכה של דממה לבנה

06:24
Monday

In winter hunger

Deer painting in straight lines
Trees of forest

•

在冬日的饥饿中

鹿仿佛给林中的树木
画出了一道道直线

•

ברעב של חורף

צבאים צובעים בקווים ישרים
את עצי היער

06:55
Monday

Shiny mirrored waters
Of first light

Water bugs skating merrily

·

第一道光线中
水倒映闪亮

水虫子欢快滑行

·

מי מראה מבריקים
של אור ראשון

חרקי מים בעליזות מחליקים

07:18
Monday

Listening to words of anger
In midst of tranquil lake

An exercise in self control

·

在静悄悄的湖面上
听愤怒的话语

自我控制的锻炼

·

שומע מילות של כעס
בלב אגם שלו

אימון במשמעת עצמית

08:55
Monday

On a lake of infinite gray
Not feeling serenity

But vast sadness

·

在无穷无尽灰暗的湖上
并不感觉到安宁

而是广阔的悲哀

·

על אגם של אפור אינסוף
לא מרגיש שלווה

אלא עצב עצום

09:14
Monday

255

Old wooden deck

On one leg he stands
Guarding his curled up family

·

老木材平台

它一条腿伫立
守护着蜷伏的一家子

·

סיפון של עץ ישן

על רגל אחת הוא עומד
שומר על משפחתו המצונפת

09:28
Monday

Sailing geese in serenity

Underwater
Powerful paddling engines

·

鹅安详地戏水

水面下
用力划桨的引擎

·

אווזים שטים בדממה

מתחת למים
מנועי חתירה עצומים

12:50
Monday

Ducks floating on silky waters
In self cleaning

I endlessly look at

·

鸭浮在丝般的水面
清洗自己

我目不转睛地看着

·

ברווזים מרחפים על מים של משי
בניקוי עצמי

אני צופה ללא קץ

12:52
Monday

Out of water
Four ducklings
Greet me for lunch

•

从水中
四只小鸭子
招呼我去用午餐

•

מן המים
ארבעה ברווזונים
מקדמים את פני לארוחת הצהריים

12:58
Monday

Forest
Softly walking between
Precious drops of light

•

树林
在光的珍贵点滴中
轻轻走着

•

יער
הולך בעדינות בינות
טיפות אור יקרות

13:30
Monday

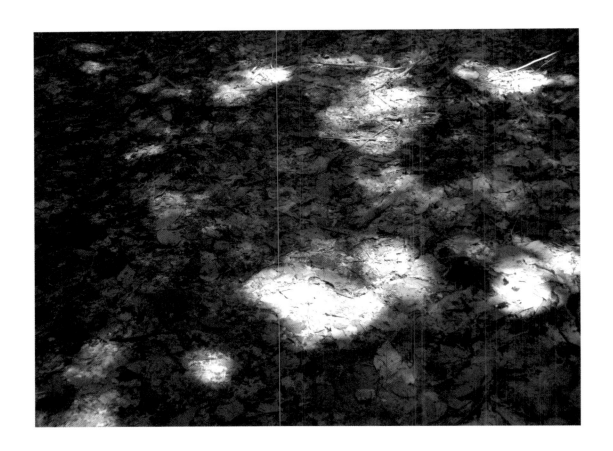

Midst of forest
Listen to the wind
Whispering between the leaves

·

树林中
听风
在叶片中低语

·

מעבה היער
מקשיב לרוח
לוחשת בינות העלים

13:42
Monday

Rock in water

Frozen frog
Basking in the sun

·

水中的岩石

冻僵的蛙
晒太阳取暖

·

סלע במים

צפרדע קפואה
מתחממת בשמש

14:07
Monday

Rain on vast lake

Pearls of heaven
Touching soft silver film

·

雨在辽阔的湖面上

天堂的珍珠
轻拍柔软的银色薄雾

·

גשם על אגם עצום

פנינים של גן עדן
נוגעים בסרט כסוף עדין

14:34
Monday

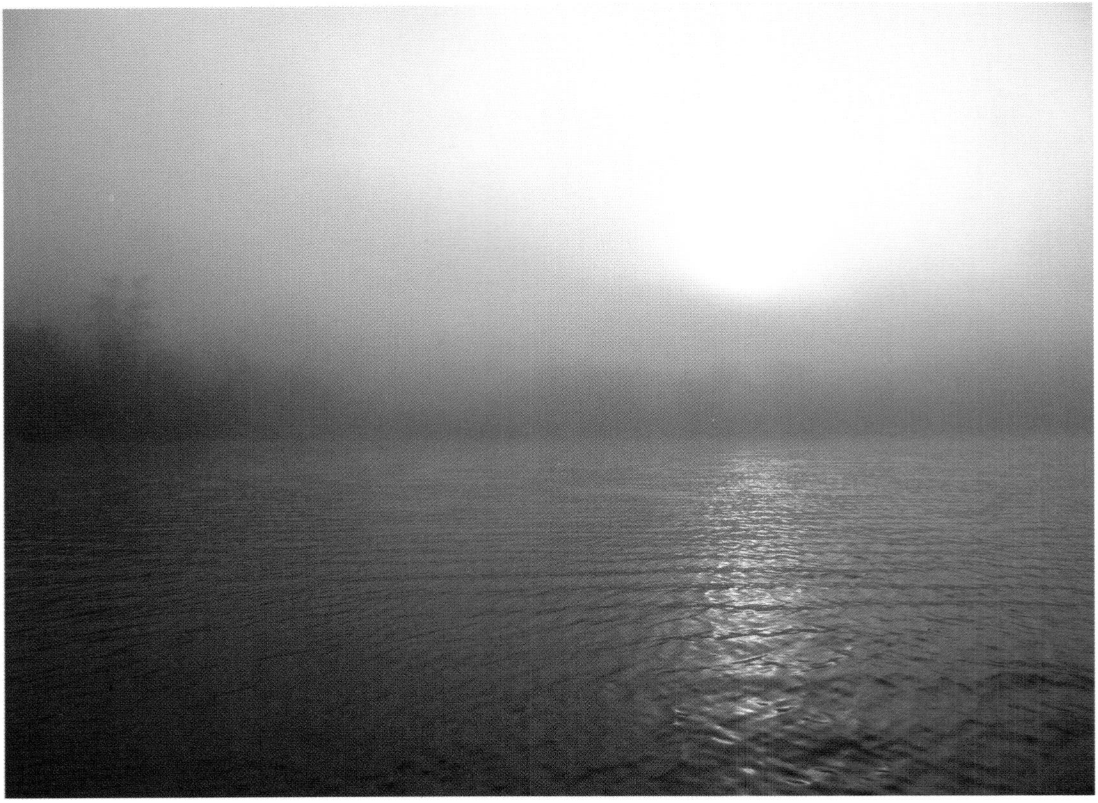

Only after pain of noise

I understand the beauty
Of quietude

·

只是在喧哗的痛苦后

我才能够理解
安静的美

·

רק לאחר כאבי את הרעש

אני מבין את יופי
הדממה

16:06
Monday

Delicate necklace of droplets
Hanging in mid air
Vibrate my heart

•

水珠的精美项链
悬在半空
震动我的心

•

מחרוזת עדינה של טיפות
תלויות באמצע אוויר
מרטיטות את ליבי

08:14
Tuesday

Hammock of water diamonds
Caressed by wind
Spider web after a stormy night

•

水钻石的吊床
风轻抚着
一夜暴雨后的蜘蛛网

•

ערסל של מי יהלומים
מלוטף ברוח
קורי עכביש לאחר סופת ליל

08:21
Tuesday

Spider web after the rain
Crowns of jewelry
Glitter old tree trunks

•

雨后的蜘蛛网
珠宝的皇冠
让老树干闪闪发光

•

קורי עכביש לאחר הגשם
כתרים של תכשיטים
מנצנצים גזעי עצים עתיקים

08:23
Tuesday

Pure bracelets of water drops
On invisible web of lines

Master builder is gone

•

水珠子的清纯手镯
在无形的蜘蛛网丝上

建筑大师已走了

•

צמידים טהורים של טיפות מים
על קורים בלתי נראים

רב האומן איננו

08:25
Tuesday

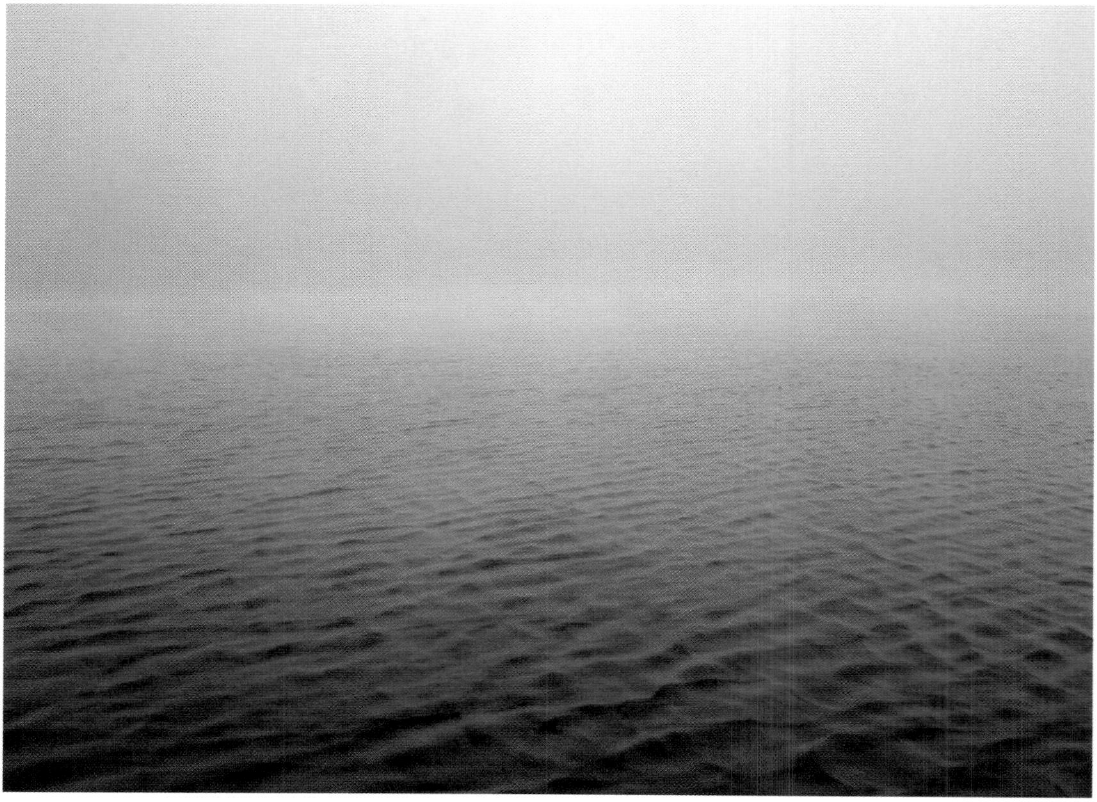

Paddling the canoe
Eyes closed

Blowing mists caress my breath

•

闭目
划独木舟

吹来的湿雾轻抚我的呼吸

•

משיט את הסירה
עיניים עצומות

משבי ערפילים מלטפים את נשמתי

08:43
Tuesday

I close my eyes
Canoe is taking me
To new places of repose

•

我合起眼睛
独木舟
把我带向新的安宁之地

•

עוצם את עייני
הסירה לוקחת אותי
למקומות חדשים של שלווה

08:52
Tuesday

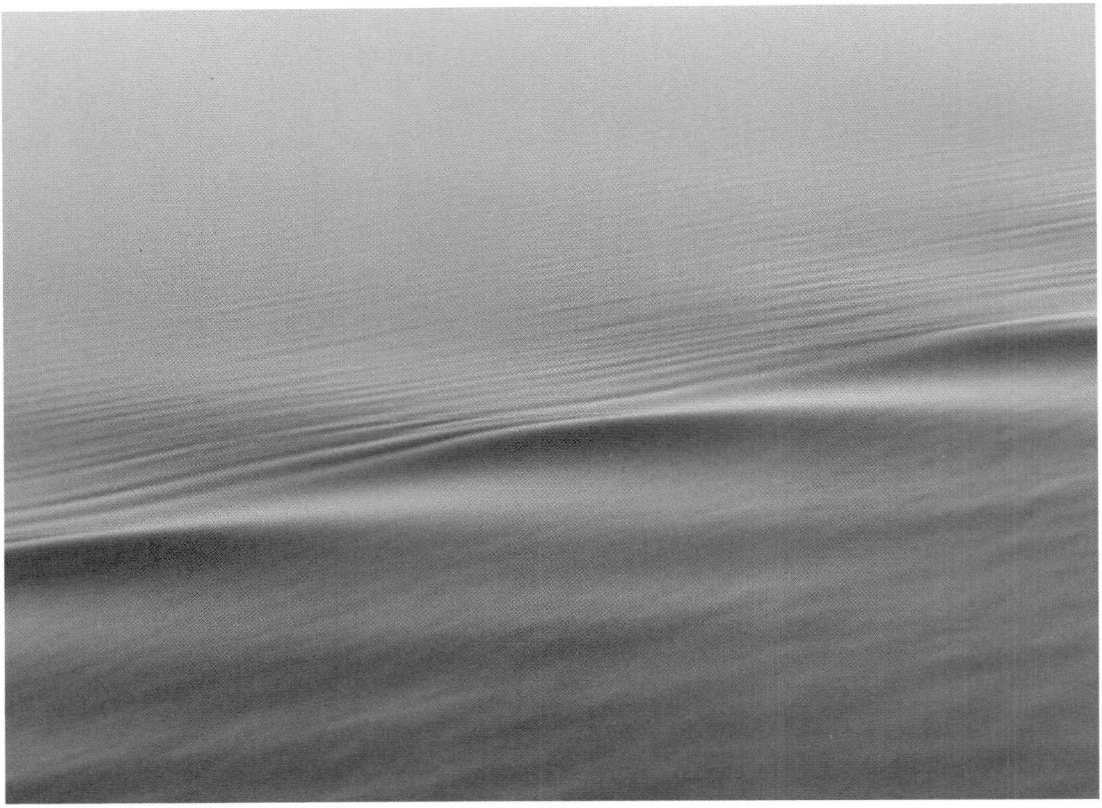

One word

An arrow carrying
Huge pain

•

一个字

一支箭带来
剧痛

•

מילה אחת

חץ נושא
כאב עצום

09:16
Tuesday

Early morning

Me
And the paddle's drops

•

清晨

我
桨上的水滴

•

בוקר מוקדם

אני
וטיפות המשוט

09:22
Tuesday

Old log cabin
Immersing into earth
With twinkle in its eye

•

老原木搭成的小屋
正溶入大地中
眼中闪着光

•

בקתת בולי עץ זקנה
שוקעת אל תוך האדמה
עם קריצה בעינה

09:31
Tuesday

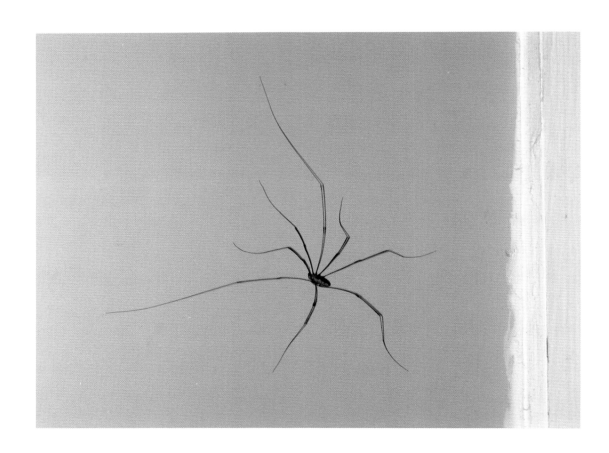

Solitude

But the spider
On the cabin wall

·

孤独

但蜘蛛
在木屋墙上

·

בדידות

רק העכביש
על קיר הבקתה

14:21
Tuesday

Pencil and paper
My armor
In a dark forest morning

·

铅笔与纸张
我的盔甲
在林中一个幽暗的早晨

·

עפרון ונייר
שריוני
בבוקר של יער אפל

07:13
Wednesday

Deep in forest
Mammoth rock
Laced in drapery of moss

•

树林深处
巨大的岩石
镶着青苔帘子的边

•

עמוק ביער
סלע כביר
שזור בתחרה של אזוב

07:18
Wednesday

I touched the quiet moss
Into my palm it fell

My heart panicked

·

我轻触青苔
青苔落入了我手心

我的心充满恐慌

·

נגעתי באזוב השקט
אל תוך כף ידי נפל

ליבי נתקף בהלה

07:22
Wednesday

Sinking in morning moss
Earth embraces me
Between roots of trees

•

沉入于清晨的青苔
大地拥抱我
在树根中

•

שוקע באזוב של בוקר
אדמה מחבקת אותי
בינות שרשי עצים

07:28
Wednesday

Tiny tree
Opens his hands wide
Below its tall brothers

·

小树
在高耸的兄弟们下面
把手张得大大的

·

עץ זעיר
פורש ידיו רחבות
למרגלות אחיו הגבוהים

07:31
Wednesday

In vast mid air
The spider weaves
Invisible lines

·

在广漠的半空中
蜘蛛织着
无形的丝线

·

בתוך אוויר עצום
העכביש טווה
חוטים בלתי נראים

07:37
Wednesday

Green leaves of quietude
Motionlessly hover
Over gushing spring

•

静悄悄的绿叶
一动不动地守候
奔腾的泉水

•

עלים ירוקים של דממה
ללא תנועה מרחפים
מעל נחל שוצף

07:44
Wednesday

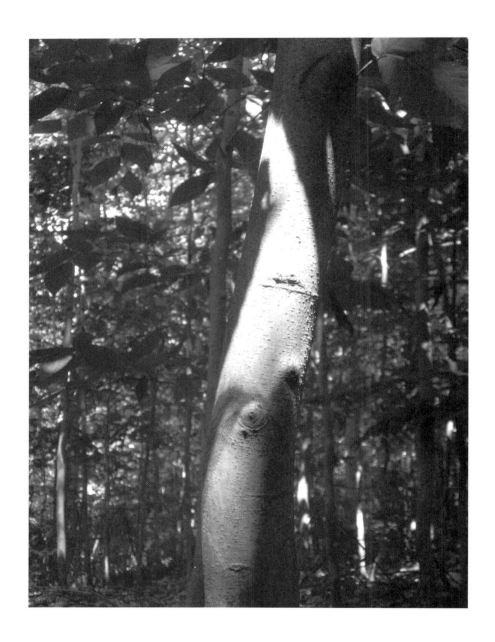

Into darkness of forest
Ray of light

Immortalizes dying branches

·

在树林的暗黑处
一道光线
让枯萎的树枝获得永生

·

לתוך אפלולית יער
קרן אור

מנציחה ענפים גוססים

07:49
Wednesday

Old tree trunk
Let your bark tell
Ancient forest's stories

•

老树干
让你的树皮讲
古老的森林故事吧

•

גזע עץ קדום
הרשה לקליפותיך לגלות
סיפורי יער עתיקים

07:55
Wednesday

Little mushroom
Magical house
Of story telling

·

小蘑菇
讲述故事的
神奇屋子

·

פטרייה קטנה
בית קסום
של סיפורי סיפורים

07:58
Wednesday

Quiet purple mushroom
Inside I refuge
From noisy waters

•

深紫色的蘑菇
我躲在其中
避开喧哗的水

•

פטרייה סגולה של שקט
בתוכה חוסה אני
ממים רועשים

07:59
Wednesday

307

Spider web
Hanging in soft wind
Drapes of crystals

•

蜘蛛网
在轻风中悬着
水晶帘子

•

קורי עכביש
נתלים ברוח רכה
תכריכים של בדולח

07:18
Thursday

Dead tree
Draped in green moss

The forest flag

·

枯死的树
覆盖在绿苔中

树林的旗帜

·

עץ מת
עטוף באזוב ירוק

דגלו של היער

08:06
Thursday

At the foot of tree
Bright yellow mushroom
Umbrella of nature

•

树根部
鲜艳的黄蘑菇
大自然的伞

•

למרגלות העץ
פטרייה מבהיקה של צהוב
מטריה של הטבע

08:08
Thursday

In solitude of forest
Gushing waterfalls
Nature's endless energy

•

树林的幽静中
瀑布奔腾
自然无穷的能源

•

בדממת היער
מפלים שוצפים
אנרגיה בלתי נדלית של הטבע

08:13
Thursday

Walking in woods

Endless wonders
In nature's amusement park

·

林中漫步

无穷的惊讶
在自然娱乐公园中

·

הולך ביער

פלאים אין סוף
בגן השעשועים של הטבע

08:16
Thursday

Alongside gushing waters
Soul longs
For quietude

·

沿着奔腾的水
灵魂渴望
安宁

·

לצד מים גועשים
נפש משתוקקת
לדממה

08:18
Thursday

Little spring
Softly trickles
Psalms of paradise

•

小溪流
轻柔地流淌
天堂的赞美诗

•

פלג קטן
ברכות מזרים
שירי תהילה של גן עדן

08:19
Thursday

Poems of morning
Pearls of wonder
In endless gratitude

•

清晨的诗篇
奇迹珍珠
在无穷的感恩中

•

שירים של בוקר
פנינים של התפעמות
בהכרת תודה אין סופית

08:24
Thursday

Peacefully
Morning haze
At the waterfront church

•

安宁地
早晨的雾
在水畔教堂前

•

בשקט
של אובך שחר
כנסיית קדמת המים

08:28
Thursday

Lone on deck
Searching in water

Father and son

•

孤独地在木平台上
往水中搜索

父亲与儿子

•

לבד על המזח
מחפשים במים

אב ובנו

11:40
Thursday

Roaring waterfalls

Inside I find
Lasting serenity

•

咆哮的瀑布

在其中我找到
永恒的安宁

•

מפלי מים שואגים

בתוכם אני מוצא
שלווה נצחית

12:20
Thursday

After the rain
In the spider's nest
Diamond drop

•

雨后
在蜘蛛的窝里
钻石水滴

•

לאחר הגשם
בקן העכביש
טיפה של יהלום

12:04
Friday

White fungus
On rotting trunk

Nature's utmost beauty

•

白菌菇
在腐烂的树干上

自然精美绝伦

•

פטרייה לבנה
על גזע נרקב

טבע בשיא יופיו

12:09
Friday

Decaying
In the forest

Nature's beauty contest

•

在林中
渐渐腐烂

自然的选美竞赛

•

רקב
ביער

תחרות היופי של הטבע

12:20
Friday

Forest floor
Rotting leaves

Abstract painting of nature

•

树林地面
腐烂的叶子

大自然的抽象画

•

רצפת היער
עלים רקובים

ציור אבסטרקטי של הטבע

12:23
Friday

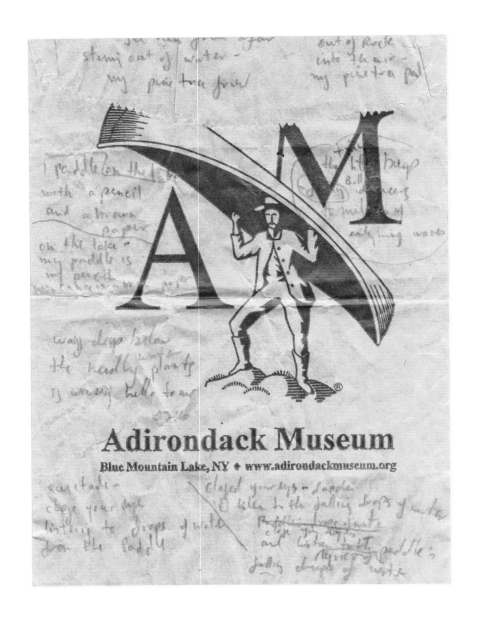

stems out of water -
my pine tree friend
out of rock
into the air -
my pine tree pal
I paddle on the lake
with a pencil
and a brown
paper
on the lake -
my paddle is
my pencil
Adirondack Museum
Blue Mountain Lake, NY • www.adirondackmuseum.org
closed your eyes -
listening to drops of water
from the paddle
close your eyes
and listen
paddle's
falling drops of water

on the lake
I paddle
with a pencil and brown paper

•

07:16
15. 9. 2004
BMC

on the lake
my paddle is my pencil
my canoe – a brown paper

07:17

•

Mad River Canoe

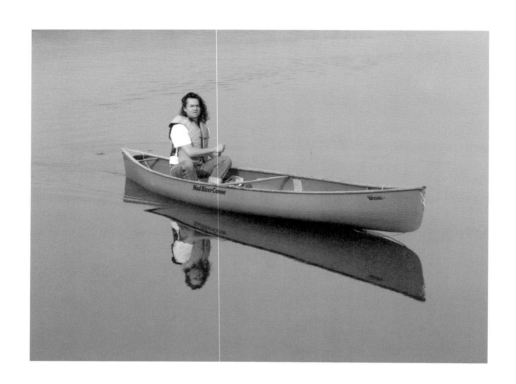

上海市新闻出版局

SHANGHAI PRESS AND PUBLICATION ADMINISTRATION

中国・上海　5 Shao Xing Road　　　　　　　　TEL: (021)64335899
绍兴路 5 号　Shanghai　200020　China　　　　FAX: (021)64332452

获奖通知

华东师范大学出版社：

　　为参加 2012 年度德国莱比锡"世界最美的书"评选，上海市新闻出版局组织了 12 名中外资深设计家，组成了 2011 年度"中国最美的书"评选委员会，进行了 2011 年度"中国最美的书"的评选。

　　本次评选采用各出版单位、设计者个人报名和专家推荐三种方式进行，共选定近四百种图书进入评委会正式评选范围。正式评选于 11 月 19 日进行，全体评委经过两轮无记名投票方式，最终决出了 2011 年度"中国最美的书"20 种。

　　在此，我们非常高兴地通知贵社，你们出版的《诗经选》，荣获了 2011 年度"中国最美的书"称号。此次获得"中国最美的书"称号的图书都将由上海市新闻出版局送往德国莱比锡，参加 2012 年度"世界最美的书"评选。请接本通知后，于 2011 年 11 月 30 日前另寄 5 本样书至上海市新闻出版局外事处（上海市绍兴路 5 号，邮编：200020，联系电话：021-64335899），以便我们寄往德国莱比锡参加"世界最美的书"的评选。

上海市新闻出版局外事处
2011 年 11 月 21 日

地址：中国上海绍兴路 5 号　　　邮编：200020　　　电话：64370176　64339929
Add: 5 Shao Xing Road Shanghai, China　Post Code: 200020　Tel: 64370176　Fax: 64332452

荣誉证书
华东师范大学出版社
作品《诗建筑》
荣获2009——2010年上海书籍设计艺术奖
优秀整体设计奖
上海新闻出版局
上海市出版工作者协会
二〇一一年三月

成都物联网科学孵化园

Chengdu Park of the Internet of Things

张家界大峡谷玻璃桥

Glass Bridge, Zhangjiajie Grand Canyon

两江网关设计

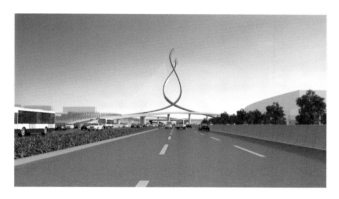

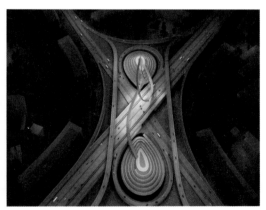

Liangjiang Gateway Design

幸福家园

Happy Homes, China